编 委 会

暨南大学本科教材资助项目（青年教师编写教材资助项目）

INNOVATION GUIDE FOR ARCHITECTURE STUDIO

建筑学工作坊

创新导引

主编 张艳玲

暨南大学出版社
JINAN UNIVERSITY PRESS

中国·广州

图书在版编目 (CIP) 数据

建筑学工作坊创新导引 / 张艳玲主编 . —广州：暨南大学出版社，2021. 12
ISBN 978 - 7 -5668-3253-5

Ⅰ . ①建… Ⅱ . ①张… Ⅲ . ①建筑学—教学研究—高等学校 Ⅳ . ① TU-0

中国版本图书馆 CIP 数据核字（2021）第 207460 号

建筑学工作坊创新导引
JIANZHUXUE GONGZUOFANG CHUANGXIN DAOYIN

主编：张艳玲

出 版 人：张晋升
责任编辑：曾鑫华　刘碧坚
责任校对：冯　琳　冯月盈
责任印制：周一丹　郑玉婷

出版发行：暨南大学出版社（510630）
电　　话：总编室（8620）85221601
　　　　　营销部（8620）85225284　85228291　85228292　85226712
传　　真：（8620）85221583（办公室）　85223774（营销部）
网　　址：http://www.jnupress.com
排　　版：广州尚文数码科技有限公司
印　　刷：深圳市新联美术印刷有限公司
开　　本：850mm×1168mm　1/16
印　　张：13.25
字　　数：353 千
版　　次：2021 年 12 月第 1 版
印　　次：2021 年 12 月第 1 次
定　　价：69.80 元

（暨大版图书如有印装质量问题，请与出版社总编室联系调换）

前　言

　　我们应该教会学生什么？要怎样教学生？这是作为一名教师终生需要思考的问题。通过建筑学工作坊的实践活动，我们来探讨此问题。

　　2021年教育部高等教育司发布文件《教育部高等教育司2021年工作要点》（教高司函〔2021〕1号文件），其列出的十个工作重点中就有"主动求变，推动高校人才培养组织模式创新变革；以创业带动就业，深化以'互联网+'大学生创新创业大赛引领的创新创业教育改革"两项围绕"创新"的重点工作，可见"创新"在未来的教育工作中的重要地位。

　　过去传统的建筑学专业的教育方式是理论讲授、调研、命题式课题设计等，明显这种教学方式已经不能满足新时代的教学要求。新时代的人才培养对创新能力的要求很高，这就需要教学创新。这也是近年来教学改革强调的重点。

　　工作坊在培养学生创新能力方面有着显著的效果，近年来"工作坊式"教育在各个学校的建筑学专业逐渐兴起，暨南大学建筑学专业也跟上步伐。

　　我们的工作坊式教育着力于港澳台学生与大陆学生的融合教育，注重培养学生感受力。哲学家克里希那穆提曾经说过："我们已经把智力和感受力分开了，为了发展智力，我们舍弃了感受力。"工作坊中，我们专注在沉浸式观察中产生洞见，在洞见中产生灵感，在动手能力中培养创新思维。我们认为，经过感受力产生的思辨能力和创造力才是智慧。克里希那穆提还曾说："我们的教育一直是在培养敏锐的智力、贪得无厌的求知欲和精明狡猾的思辨能力，然而智慧比智力重要多了，只有它才能整合理性和爱。"①在我们的工作坊的实践过程中，处处体现着"人文关怀"，体现着师生对居民的生活、社区公共

---

① 克里希那穆提.生命之书：365天克里希那穆提禅修［M］.陶稀，译.上海：华东师范大学出版社，2005.

空间的关怀与爱。

在港澳台学生与大陆学生的融合教育实践中，笔者发现"人文关怀""感受力""对周遭人群生活的'关注'和'爱'"这些议题最能引起学生的共鸣，因为这些是人类的共同话题，无关地域，无关教育背景，无关技术，无关个人能力。事实证明，通过工作坊的实践，大多数学生无论从心灵成长上还是专业水平上都有很大的进步。

编写本书的时间有点长，我是不想把这几次的工作坊实践活动出成作品集，因为它们在我心中不仅仅是学生作品集。我希望在书中能跟读者分享更多工作坊中的感悟，希望能唤起同行对未来教育的一点点思考。若想了解更多，敬请扫描以下二维码关注"JNU 建筑学工作坊"微信公众号和观看"暨南大学'看不见的城市'工作坊"视频。

教育改革是一个永恒的话题，本书篇幅有限，尚存很多表达不足之处，请同行包涵。

张艳玲

2021 年 12 月

暨南大学"看不见的城市"工作坊

CONTENTS 目 录

第 1 章 工作坊发展简介

1.1 工作坊简介

工作坊，英文简称 studio 或 workshop，最早可以追溯到 20 世纪初德国魏玛共和国时期的包豪斯学院（Staatliches Bauhaus）。1919 年，著名建筑设计大师瓦尔特·格罗皮乌斯（Walter Gropius）在德国魏玛创建了包豪斯学院[①]。包豪斯学院就是在教育中主张以"作坊式"教学培养学生，让建筑学的学生先学习两年工艺美术（其学习方法就是在工作坊中自己设计并动手完成设计作品），后面两年才学习建筑设计专业知识。包豪斯学院被誉为"世界现代设计的发源地"，是世界上第一所完全为发展设计教育而建立的学院，尽管该学院仅仅存在了 14 年，但是对设计教育产生了深远影响。

本书的"工作坊"与包豪斯学院的"作坊式"教育不一样，也和"工作室"（workroom）不一样。本书谈的是在教育系统中的"工作坊"，是由多人共同参与课题，参与者在参与过程中能够对话沟通、共同思考、进行调查与分析、提出方案或规划，讨论如何推动方案的执行，并将其设计付诸实践，这种聚集讨论（如图 1-1、图 1-2）与一系列的行动过程，就是工作坊的内容。总的来说，工作坊就是利用一种轻松有趣的互动方式，将上述这些事情串联起来，形成一个闭环系统。

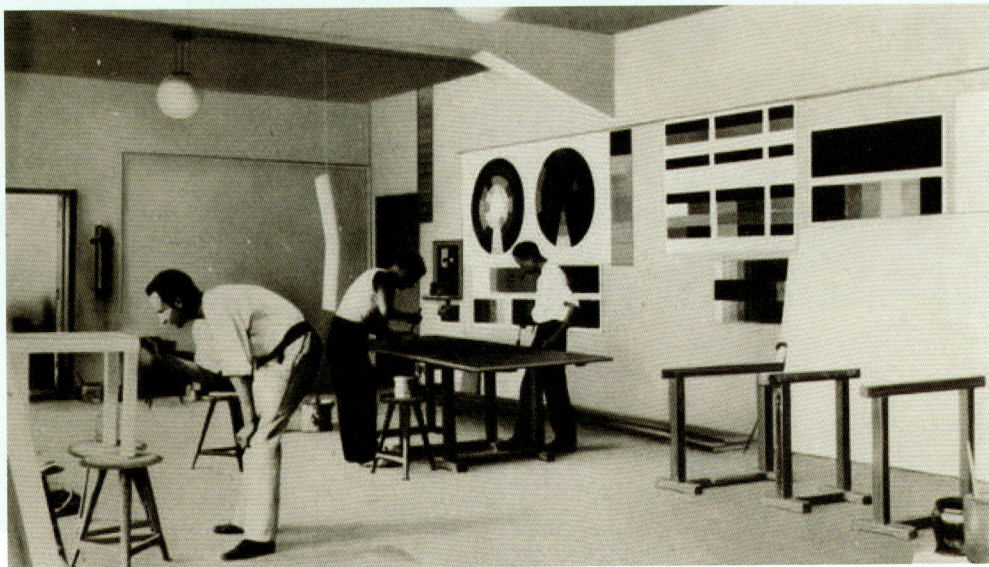

图 1-1　包豪斯时期的工作坊[②]

相对于传统的课堂教学，工作坊教学模式下的课堂是崭新的、活泼的、开放式的，处处渗透着实践性、合作性、愉悦性和创造性。因此，这种模式被广泛应用于各行各业的教学中，比如说翻译、医

① 郭朝晖. 工作坊教学：溯源、特征分析与应用 [J]. 教育导刊，2015(5): 82–84.
② 图片来源：https://www.sohu.com/a/34899330_108602。

学、艺术、建筑设计、景观设计等，它们均采取工作坊式教育。

在工作坊教学模式下的课堂教学中，教师角色突破了传统，教师与学员都进行了角色的转变，学员不再是单纯接受知识的被动者，教师也不再是一股脑向学员灌输知识的主动者。在工作坊中，教师成了导师，引导学员主动发现问题，提出问题，教师帮助学员寻求解决问题的方法。在工作坊中，发现问题、寻找问题的根源以及探索解决问题的过程是最重要的，而能否真正解决问题却不是那么重要。因为个人能力是有限的，很多问题暂时是没有方法解决的，或者是无解的，而发现问题更能体现个人的观察能力以及独立思考能力。

图 1-2　导师亲临现场帮助学生解决问题

1.2　建筑学工作坊在全世界

当前其他领域的工作坊均源于 20 世纪的建筑学领域，建筑学在国外有着悠久的历史，工作坊式教育也被很好地传承下来。在国外，如法国、德国、荷兰等历史悠久的国家，工作坊依然应用在建筑学的教育中，只是随着时代的变迁，工作坊的运作方式有了新的变化。同时，当前工作坊中运用的设计技术和学科知识较德玛共和国时期的工作坊复杂得多，工作坊不再是简单固定的"工作室"（studio）。工作坊的形式可以是一个短期的课题，也可以是一个设计方案，还可以是由学员动手施工完成的一个作品（如图 1-3）。

图 1-3　学生动手完成的设施

1.3 国外工作坊教学案例

现代的"工作坊"在世界各地有一些其他名称，如 studio，欧洲国家大多称为"workshop"，中国大陆大多称为"工作坊"，中国台湾称为"工作营"。工作坊在国外一直被广泛应用在建筑学教育中，下文简单介绍几个学校的工作坊的情况。

伦敦大学学院（UCL）巴特雷特建筑学院（The Bartlett）连续 11 年被英国 *Building Design* 杂志评为年度"AJ100 强"之首，是国际建筑教育研究的前沿。在巴特雷特的建筑教学中，工作坊是其中心环节。巴特雷特建筑学院重新思考建筑的功能与建筑师的作用，意在培养对未来具有更强洞察力、剖析辨识能力和批判性思维能力的建筑师[①]。

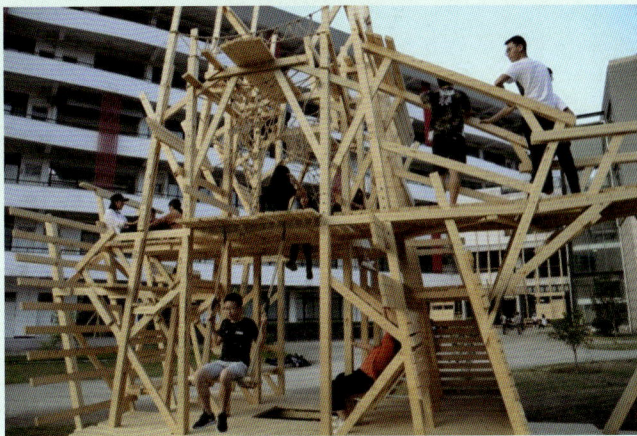

图 1-4　王国信老师指导的学生作品 1

巴特雷特的设计课程以周期较长的工作坊（Unit）与短期强化式的工作坊相结合。在年复一年的教学实践中，设计课的教学内容呈现以下变化趋势：由建筑单体或装置发散至环境、前沿科技；由群体经验主义到个体切身的关注与体验；由当下既定的时间维度到未来不确定的世界；由小系统的介入维持到城市的自适应运营。

台湾成功大学、中原大学、淡江大学都设有建筑学系，工作坊式教育在建筑学专业中历史悠久，从环境艺术作品，到城市公共空间的微改造、社区空间的营造等研究，无处不见"建筑学工作坊"的身影。台湾工作营更倾向于"实施"，强调学员的动手能力，近年来，很多学员的设计作品从图纸和模型走向现实，教师鼓励学员把设计作品动手"施作"出来（如图 1-4、图 1-5 所示，图由淡江大学王国信老师提供）。

图 1-5　王国信老师指导的学生作品 2

---

① 刘水. 培养创新精神是建筑教育的首要责任：英国伦敦大学巴特雷特建筑学院马库斯·克鲁斯院长专访 [J]. 建筑与文化，2011(5): 7-13.

1.4　建筑学工作坊在中国

　　近年来工作坊的教学模式在我国的建筑学教学中流行起来，据了解，清华大学、北京大学、湖南大学、华南理工大学等院校广泛采用工作坊形式进行教学活动，对提高学员的整体素质有着显著效果。

　　北京大学园林景观专业李迪华副教授牵头营造工作坊实践活动。根据课程和交流的需要，他们每年都会组织多次公开形式的工作坊。相关信息我们在微信公众号"燕园营造社 DBOKU"上可以看到，大型的一般是每年暑假各大高校联盟的工作坊，但受新冠肺炎疫情影响，2021 年的联盟工作坊改成线上进行。

图 1-6　李迪华老师（转载自"燕园营造社 DBOKU"微信公众号）

　　华南理工大学的工作坊每年比较固定的有两次，一次是暑假的建筑学设计夏令营，另外一次是秋季"海峡两岸建筑院校都市设计联合工作坊"。海峡两岸建筑院校都市设计联合工作坊由华南理工大学，台湾淡江大学、铭传大学、逢甲大学等单位联合举办，近两年受疫情影响，也从线下转到线上举行。相关的信息可以从微信公众号"华南理工大学建筑学院"获取。

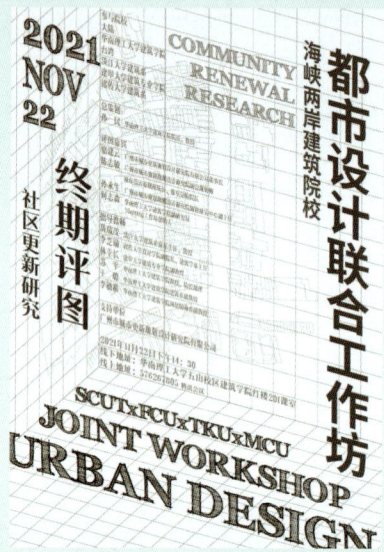

图 1-7　海峡两岸建筑院校都市设计联合工作坊海报（转载自"华南理工大学建筑学院"微信公众号）

　　由华南农业大学的风景园林专业李自若老师牵头的秾·可食地景研究组，也经常有结合课程举行的工作坊，为期从两天到数天不等，以制作和研究景观绿植为主，相关的信息可从"秾 EDIBLE"微信公众号获得。

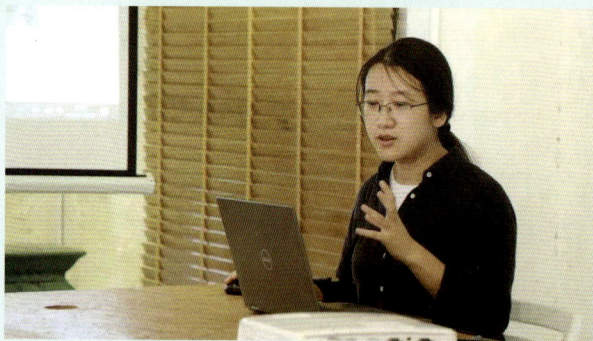

图 1-8　李自若老师（转载自"秾 EDIBLE"微信公众号）

1.5　建筑学工作坊在暨南大学

　　暨南大学的建筑专业始创于 2006 年，在这十几年期间，建筑专业的学科建设朝着与国际接轨的方向发展。暨南大学力学与建筑工程学院在 2016 年建筑学专业建立十周年之际，迎来了第一届建筑学工作坊。

　　2016 年第一届工作坊主题为"看不见的城市"，2017 年第二届工作坊主题为"竹丝岗社区营造"，2018 年第三届工作坊主题为"竹丝岗公众参与"。每一届工作坊的规模为 40 个学员，分成 5 个小组，分别进行 5 个设计主题，详细情况将在下文展开介绍。

第2章　工作坊课题组简介

2.1　课题组核心团队

张艳玲
暨南大学建筑学工作坊发起人，暨南大学力学与建筑工程学院讲师，高级工程师，博士。

黄瑞茂
建筑学工作坊核心导师，台湾淡江大学建筑学院副教授，博士。

何志森
建筑学工作坊核心导师，华南理工大学建筑学院副研究员，博士。

黄世清
暨南大学力学与建筑工程学院副教授，副院长，博士。

李洁
暨南大学力学与建筑工程学院副教授，博士。

施燕冬
暨南大学力学与建筑工程学院副教授，博士。

刘渌璐
暨南大学力学与建筑工程学院讲师，博士。

陈全荣
暨南大学力学与建筑工程学院讲师，博士。

张肖
暨南大学力学与建筑工程学院讲师，硕士。

闫埔华
暨南大学力学与建筑工程学院讲师，硕士。

2.2 课题组嘉宾团队

暨南大学 刘人怀 院士

暨南大学 王璠 教授

暨南大学 张宏 副校长

东莞理工学院 马宏伟 校长

清华大学 许懋彦 教授

北京大学 李迪华 副教授

同济大学 刘悦来 教授

华南理工大学 苏平 教授

广州扉美术馆 叶敏 创始人

马来西亚 GVL MARCUS TEOH 设计总监

广州土人景观顾问有限公司 庞伟 创始人

华南理工大学 萧蕾 副教授

华南理工大学 谢冠一 副教授

香港大学 姜斌 助理教授

广州美术学院 杨一丁 教授

台湾淡江大学 王国信 博士

2.3 工作坊的科研

暨南大学力学与建筑工程学院建筑学专业的工作坊（下称暨南大学建筑学工作坊）是集科研、教学和社会服务于一体的实践方式。在这里，学员通过团队合作、调查研究、设计、学术交流等一系列活动，激发思维和创作力，从而产生了很多具有现实意义的研究课题。工作坊的科研主题可以分成调研工作坊、营造工作坊、设计工作坊和"主题性"工作坊。如2016年的工作坊就是调研工作坊，2017年和2018年的都是营造工作坊。

2016年的"看不见的城市"调研工作坊，主题由学员自己确定。这样的工作坊最有趣，学员们在好奇心的驱动下，在导师的引导下，会发现很多我们平时忽视的元素，孵化出很多有趣的议题。

比如说"声音"往往不被建筑师重视，然而在调研中，同学们发现在石牌村，声音对人的行为产生微妙的作用。他们发现，"声音"可以是一个时间表，石牌村的居民可以根据周围的人日常生活中比较规律的声音来判断时间。比如隔壁家孩子上学的吵闹声，每天固定时间走街串巷卖豆腐花老大爷的吆喝声等（如图2-1所示）。

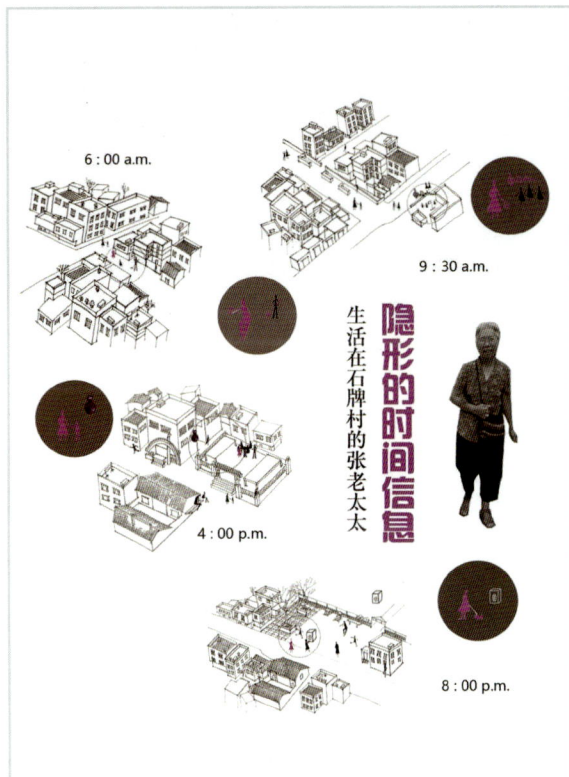

图2-1　声音与时间的关联

对于石牌村中的居民而言，这些是他们日常生活中的声音景观。实际上，声音景观的设计在当代的景观设计中占有一席之地，声音景观的研究是一个具有现实意义的研究课题。例如意大利罗马附近的阿尔泰纳小镇通过"骡铃声"的设计，体现对老人家的社会关怀，这个声音成为当地具有标志性的声音景观[①]。

工作坊的议题一旦形成，不会就此止步，而是具有延展性的。2017年有同学受到2016年工作坊的启发，在"城市设计概述"课程作业中继续声音景观的研究，对暨南大学的声音进行研究，制作出暨南大学分贝分布图（如图2-2所示）。

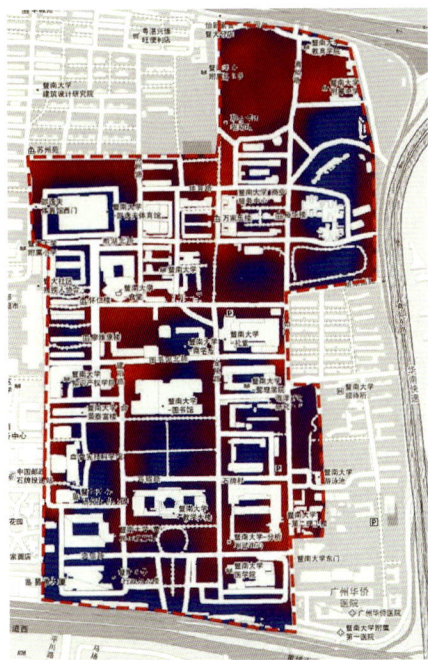

图2-2　暨南大学的声音景观

暨南大学分贝分布图

---

① 刘江.声景在场所营造中的应用：以意大利阿尔泰纳小镇声景设计为例 [J]. 城市规划，2016，40（10）：105–109.

图 2-3　隐形设计

　　类似的研究课题还有 2016 年工作坊竹梯组的模数化研究和 2017 年的"隐形设计"等研究课题（如图 2-3 所示）。

　　主题性工作坊的课题孵化能力更强，每期工作坊分成 5 组学员进行深度调研，发现新的问题，形成主题，工作坊作为一个开放系统，其中诞生的课题有无限的可能性，可延伸出很多具有现实意义的研究课题。我们不妨把工作坊称为"课题孵化器"。

2.4　工作坊的教学

2.4.1　为全局性理解而教

　　通过给学员一个基地，让学员寻找一个课题，自行寻找理解这个课题的途径，并自行寻找解决这个问题的方法，我们发现学员们在探索的过程中，其主动性会被点燃。因为这是学员们自行拟定的题目，在兴趣的驱动下，他们会主动地去查找大量的资料，想尽办法了解课题。我们的工作坊教学追求的是"全局性理解"，而非"利基理解"。我们传统教育的目的肯定是希望学员对知识达到全局性理解，但是在传统的教育体系中采取的考核方式，能实现的只能是利基理解，而非全局性理解。

　　"利基理解"的概念是：学员知道一个知识在考试中能得分，或者在其他方面能拿到好处，用这种思维学到的知识，一旦好处实现后，学员就会把知识忘得一干二净。而全局性理解，是学员掌握了一个"知识"或者"方法"，能用于生活中很多事情的处理[①]。

　　在工作坊中，我们实现的是全局性理解，学员为了未知而学，为了理解而学，这里没有考试，只有交流和学习，动力来自学员对这个世界的好奇心和兴趣。

　　学员是否对一些知识达到全局性理解，可以在工作坊过程中观察到。例如，看学员能否把知识用在解释物理、生活、社会多种范畴的现象中，并印证所学的知识的科学性；看学员能否把知识付诸实际行动中；看学员能否通过工作坊的活动，提升同理心，对社会现象中的伦理道德有进一步的理解。

　　比如在何志森老师的工作坊中，他的研究课题中有"小贩的逃跑路线""街角的镜子""小贩们的空间策略"等议题，都涉及社会学中的伦理道德问题。

① 戴维·珀金斯. 为未知而教，为未来而学 [M]. 杨彦捷，译. 杭州：浙江人民出版社，2015.

提到小贩（小商贩），很多学员脑海里第一时间浮现的是：不是应该在城市公共空间的设计中想尽办法让这些小贩消失吗？实际上学员在不知不觉中陷入了自上而下的惯性思维，而不是从一个中立者的视角思考问题。一个城市设计者的责任是为了给城市使用者（居民）创造更好的生活环境，难道小贩不是这个城市的使用者吗？类似这样的议题会引起学员的思考，引起他们热烈讨论，从而提升学员对社会的认识和理解能力。

教学的目的是"唤醒"，工作坊已经唤起很多学员的思考。

2.4.2　灵活的教学方式

提到传统的教与学，大概我们的脑海里都会浮现古代一个夫子在讲台上念念有词，下面的学子昏昏欲睡的场景。那么现代课堂呢？有些也与古代类似，只是教室的布景换了，同学们的服饰换成了现代的，教师在讲台上读着PPT，学生在座位上玩着手机。这样的教学效果令人堪忧，因此，近年来，教育部大力推行教学改革。

图 2-4　汇报式讨论

工作坊式的教育在当代教育背景下再次复兴。在工作坊里，我们的教与学是灵活的、机动的：教学场地是移动的，根据不同的情景、不同的地点、不同的课题进行随时的教育学讨论；教学方式也是机动的，除了培训式讲座，我们有很多学员之间的讨论，师生之间的讨论，可以随时随地进行教与学，如汇报式讨论（如图2-4）、围坐式讨论（如图2-5）、自由讨论（如图2-6）。

图 2-5　围坐式讨论

工作坊是一种灵活机动、能激活学员学习激情、让学员灵活运用知识的教学方式。而且，这里有很多跨界的学员，他们有着不同的知识背景，学员通过交流，知识面可以迅速扩大。

图 2-6　自由讨论

2.4.3 在游戏中激活学员的创造力

在工作坊中，我们使用游戏激活学员的创造力。

（1）游戏之一：角色扮演。工作坊的参与者大多是建筑学院的学员。一个实践型的设计项目会涉及多个利益体，项目让这些"利益体成为利益相关者"。设计者往往很难换位思考，不会从不同的"利益相关者"的视角进行利益分析，无法找到符合最佳的利益平衡点的设计方案。而工作坊在集中讨论时会刻意引导学生换位思考，"假如你是……"这是导师经常用到的句子。我们尝试让学员扮演不同的角色，进行对话练习。他们必须通过查资料、观察等途径充分了解他们所扮演的角色。

在角色扮演的过程中，一方面，可以训练学员的同理心，让他们代入角色，理解所扮演的角色的感受，从而推测所扮演的角色的下一步决策，而这些决策都是有可能决定设计师方案的因素，因此对建筑师来说至关重要。如 2018 年工作坊的秘密花园组，学员们首先要代入儿童的感受、用儿童的视角观察空间，而且要跟儿童一起玩游戏，了解儿童的世界，从而给大家展示并创造一个儿童的"秘密花园"（如图 2-7）。另一方面，有利于激发学员的积极性，充分发挥他们的创新能力，别出心裁的设计理念会在这个游戏过程中应运而生。

图 2-7 秘密花园组

图 2-8 种植组

（2）游戏之二：实验。这是大多数小组都会采用的一种方式。他们在探索一个理念是否正确或者探索这个想法能在生活中产生多大的效应的时候，就会采用实验的方法，这同样可以是一个游戏。比如说，2018 年工作坊的种植组（如图 2-8），当他们想了解自己的种植计划能否改变居民的生活方式时，他们在路边摆起种植小地摊，推着他们的种植体验小车上街让居民体验等。在此过程中，学员与居民之间的互动是欢乐的，就像我们玩实验游戏一样，而这更像是一个学习的游戏。

2.5 工作坊的社会服务

工作坊也是一次社会服务实践活动，取材于社会，用于社会。对于学生来说，工作坊的社会实践是他们成长的催化剂，能让他们快速认识社会，融入社会。

工作坊的地点大多选择在老旧城区或者城中村，这些地方的人口构成比较复杂，社会问题、社会矛盾比较集中，对学生来说是一本活的教科书。学生开展活动的时候，能接触到社会不同层次的人员，有利于他们去认知社会上不同人群的生活环境，了解那些人的生活状态，感受苦与乐。通过这种沉浸式教学活动，学生能了解到生活是什么，生活的滋味又是什么；社会原来如此多面，社会原来如此复杂。

工作坊的价值导向是为社会服务、为人民服务。工作坊的实践主题鼓励学生帮助孤残弱势群体，开展环境保护、文化宣传、支教扫盲、社会调查等，在这个过程中，学生心灵得到成长、思想受到教育、能力得以增长。工作坊可以培养大学生正确的道德观，认识和评价政治、经济、文化现象，树立正确的世界观、人生观、价值观。

可以说，工作坊是一个优质的社会服务平台。还可以说，工作坊是学生积累人生经验、运用专业知识和形成价值观的重要平台，是激励和引导学生自我成长、勇于创新的孵化器，是学生收获理论知识的必要条件，是将知识运用与学生的能力、智慧、精神、品格转化的重要途径。工作坊能使大学生更好地融入社会，完成社会角色的转变，是新时代创新性人才培养必不可少的路径之一。

2.6　工作坊的社交平台

近年来，工作坊在全国的高校建筑专业中非常流行，暨南大学也加入到这个行列中，以"工作坊"为中心，打开了一个广大的社交平台。通过与其他高校联合举办一系列的工作坊，暨南大学的建筑学工作坊形成了一定的影响力。以"工作坊"为核心，我们聚集了一群有共同志向、兴趣、价值观和世界观的人，他们是这个社交平台上的核心组成，该群体具有极强的归属感，从而构建一种亚文化，社群规则能被很好地贯彻，不仅局限于线上，在线下也能做到互动。

在今后的活动中，这个社交平台能快速整合资源，推动教学实践活动的进行。

2.7　工作坊能……

能让学员思维"活"起来……

能让学员的手"动"起来……

能让学员之间"沟通"起来……

能让学员跨学科交流……

能让学员跨地域交流……

能让学员打开新世界……

第3章　工作坊的培训与创新

工作坊的学员来自五湖四海，他们有着不同的文化背景和教育背景，他们的科研能力和实践能力也有不同，因此在工作坊启动之前，要对学员进行为期2~3天的培训，培训的内容有沟通能力、演讲能力、调研方法、表达技法、施作技法和创新思维等。

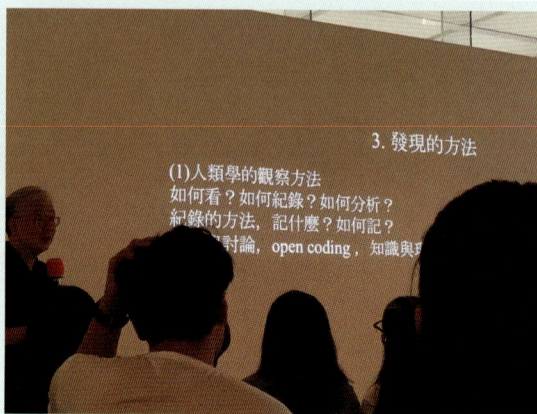

3.1　学生沟通能力的提升

我们有手机之后，面对面的沟通变少了。谈话的双方近在咫尺，两人却都采用文字信息或者语音信息进行交流，日积月累，人们的语言沟通能力必然退化。然而我们不能否认的是，生活与工作中，面对面的沟通，通过眼神、表情、肢体语言等传达信息，是最有效的。因此，在工作坊中，我们企图让学生重新回到"面对▶面"的沟通方式。

工作坊的小组团队方式起到有效的作用，组员之间刚开始是互相不认识的，他们需要通过谈话来了解对方，大概不会有人刚认就加对方的微信，然后无视眼前人，采用不断给对方发信息的方式来沟通和相互了解的吧！小组成员之间的沟通是最容易发生的，因为他们大多数有着共同的人生经历，有共同的身份。如果这个关口打开了，就能更顺畅地开展小组团队下一阶段的实地调研工作。学生与居民之间可能存在文化隔阂，甚至语言不通，而且工作坊每天都要讨论，每个环节都需要沟通，因此在这个过程中开口说话不可避免，不张嘴沟通的人是很难在小组中坚持下去的，甚至可能中途退出工作坊。

工作坊的沟通从开始到结束，工作难度从易到难，坚持到最后的同学会收获许多朋友，而且这些同学的沟通能力都有大幅度的提升。

如何提升我们的沟通能力，快速建立联系？首先，保持自信和微笑，给人以乐观的感觉；然后选择共同话题，慢慢切入，相互了解；同时，注意语速，眼神接触，恰当的肢体语言；更重要的是注意倾听，耐心听完对方想要表达的内容。

3.2　学生演讲能力的提升

演讲几乎是每个建筑师都要经历的事情，但学校传统建筑学教育是没有专门课程教演讲的。一个演说家曾说：据不完全的调查统计，人类之前最怕的是"癌症"，后来"癌症"退居二线，排第一位的是"公众演说"。我们姑且不去追究这个说法的真伪，但足见人们对公众演说的恐惧。我相信每个人都需要克服内心的恐惧和紧张才能练成"演说家"。因为恐惧，所以退缩，于是学员对待公众演说的心态是能躲则躲、能免则免。然而，建筑学专业很多课程需要学员汇报设计方案，于是大多数学员在汇报方案的时候，为了掩饰内心的恐惧和紧张，只对着PPT念，眼睛从来不看观众，跟观众也没有眼神交流，匆匆忙忙念完PPT就算完成任务。然而这并不是真的演讲，我们要的是与观众有交流的汇报！在工作坊团队训练过程中，我们要求每个人都要至少进行一次汇报，每个人都要讲一部分内容，于是，习惯了跟面对公众说话玩"躲猫猫"游戏的同学不得不站出来面对这个艰巨的任务。因为每位学员都需要对所属团队有交代，不能因为怯懦把团队的方案汇报搞砸。在这种无形的压力下，几乎每个同学都会克服内心的怯懦，克服内心的恐惧站出来说话。久而久之，他们会在短时间之内让自己成为"演说家"。

我们来探究一下他们为什么在工作坊有动力可以克服恐惧呢？第一是内因，每个人都希望自己能够对着公众侃侃而谈，成为别人仰望的对象；第二是外因，是工作坊的气氛和来自团队的压力，工作坊的方案汇报规定每个学员都要讲，他们的团队荣誉感和自我的责任感，促使他们不得不克服"恐惧"，打破内心的桎梏，勇敢面对公众，开启他们的演说之路（如图3-1）；第三是先例，工作坊中太多这样的"先例"了，不少往届学员都是从这里开启他们的"演说之路"的，在工作坊开展之前的"经验分享"环节中，会有往届学员告诉同学他们的成长之路，同学们会相信自己在工作坊中也能快速成长。

图3-1　工作坊中演讲能力快速成长的同学

3.3 调研方法的培训

调研是每个设计课题都要做的前期工作，但是国内快速的设计节奏决定了每个项目乃至课程的调研往往停留在"观看"的程度，就是拍拍照，画画图，整理一下资料，但是我们认为这是远远不够的。"观看"只能停留在事物的表面现象，然而无论什么事物，隐藏的信息永远比看得见的表象多得多。这里我们引用一下"冰山理论"①（如图 3-2）。我们看到的表面只是冰山的一角，看不到本质。

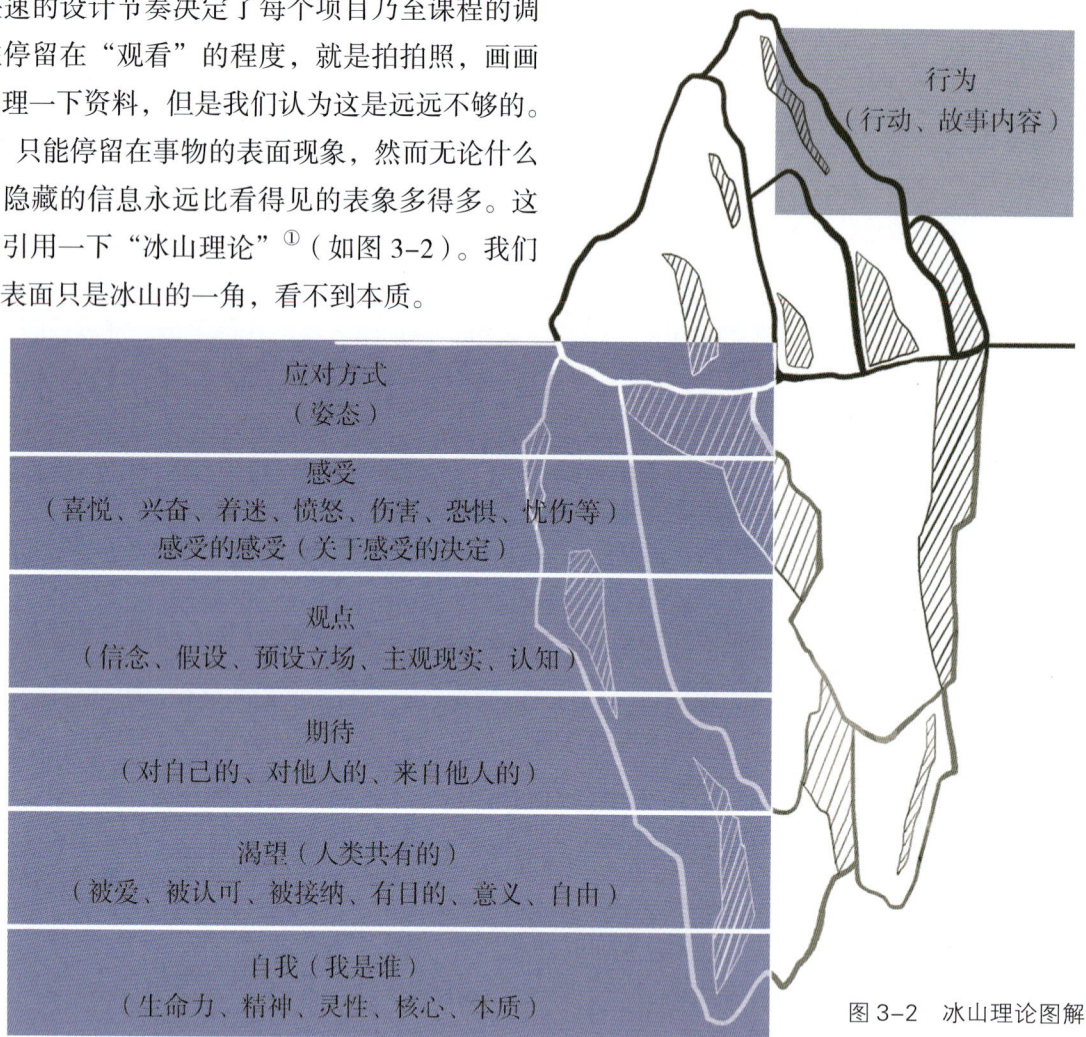

行为
（行动、故事内容）

应对方式
（姿态）

感受
（喜悦、兴奋、着迷、愤怒、伤害、恐惧、忧伤等）
感受的感受（关于感受的决定）

观点
（信念、假设、预设立场、主观现实、认知）

期待
（对自己的、对他人的、来自他人的）

渴望（人类共有的）
（被爱、被认可、被接纳、有目的、意义、自由）

自我（我是谁）
（生命力、精神、灵性、核心、本质）

图 3-2 冰山理论图解

回到建筑学专业的调研，我们不能停留于"观看"的程度，我们把调研分成四个阶段。

第一阶段——观看（我们可以戏称为"光看"），这种方式就是前文提到的"观看"方式。

第二阶段——观察，定时定点拍照、记录、统计。

第三阶段——洞察，整理资料，分析资料，有逻辑地推测背后隐藏的信息。

第四阶段——体验，这个阶段就是使用各种实验，验证洞察阶段推测的隐藏信息，验证修正获取的信息，探索深层次隐藏的信息。

提出一个问题往往比解决一个问题更重要。

——爱因斯坦

① 冰山理论是萨提亚家庭治疗中的重要理论，实际上是一个隐喻，它指一个人的"自我"就像一座冰山一样，我们能看到的只是表面很少的一部分——行为，而更大一部分的内在世界却藏在更深层次，不为人所见，恰如冰山。冰山理论包括行为、应对方式、感受、观点、期待、渴望、自我七个层次。

提出问题不仅是学习的开端，还是教学活动的开始，它能激发学生的求知欲和创造力。调研是学生发现问题的重要手段，在设计思维中，有一个概念叫作"机遇发现"（discovery of chance），这里指的是可以被视为机遇或者风险的新事件、新情况[1]。它是我们开拓新的研究领域，探索如何发现潜在的重大事件或者新事件的"引子"。可以说，我们调研的目的就是为了发现这个"机遇发现"事件。

"机遇发现"应用在设计思维中最早关注的是对人类决策具有重要意义的事件，后来加入价值感知，价值感知具有处理更广泛的有价值事件的潜在能力。"机遇发现"+"价值感知"模式让我们更容易关注到日常生活中的低频事件、零频事件（透过事物本身观察到的事件）或者是想象中事件的价值，这个拓展让创造者更能预测未来和关注未来发生的事情，从而达到创造未来的目的。

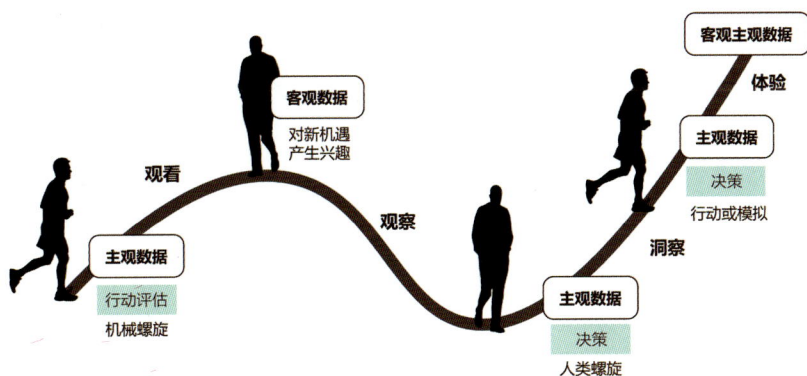

图 3-3 "机遇发现"的螺旋上升过程

"机遇发现"包含四个步骤的螺旋，这四个步骤被应用于商业、政治和科学等领域（如图 3-3）。建筑学中，我们同样运用的是设计思维，我们借鉴这四个步骤转换成属于建筑学领域中的四部曲。

第一，从田野调查的地点获得数据，这些数据包括物质存在的场景信息、人群活动信息等。从被收集那一刻起，这些数据其实已经间接或者直接受到个人价值感知的影响。

第二，计算机分析并可视化收集到的数据。在建筑学领域中，就是在电脑中模拟现场，建立三维或者四维模型，制作出人群活动的日志图、轨迹图和手工模型等。

第三，写出或者汇编出人群活动与空间的关系，或者可视化人群活动的场景信息。

第四，用不同的视角解读可视化场景的价值，探索事件新的价值，并做出方案设计构想。然后重复第一步的螺旋过程，加深我们对场地的认识。

下面我们就建筑学专业的调研，探讨工作坊中的调研方法该如何进行。

如前文所述，"机遇发现"是四个步骤的螺旋上升过程，这实际上是主观数据和客观数据相互作用的过程。我们改编一下《斯坦福设计思维课 2：用游戏激活和培训创新者》中的销售的双螺旋模型，它同样适用于建筑学专业中的调研与设计方案的过程。在这里双螺旋过程体现出来两方面内容：一是设计者对方案日渐成熟的设计思想和正确的决策；二是虚拟模型为建筑师展示他们主观世界的场景，让设计师对方案产生的未来场景更加清晰。

① 大泽幸生，西原洋子：斯坦福设计思维课 2：用游戏激活和培训创新者 [M]. 税琳琳，崔超，译. 北京：人民邮电出版社，2019.

3.3.1　观察法

观察法是指研究者根据一定的研究目的、研究提纲或观察表，用自己的感官和辅助工具直接观察被研究对象，从而获得资料的一种方法。科学的观察具有目的性、计划性、系统性和可重复性。观察者一般利用眼睛、耳朵等感觉器官去感知被观察对象。另外，如果观察者需要收集技术性的数据，则往往要借助各种现代化的仪器和手段，如照相机、录音机、显微录像机等来辅助观察。

扬·盖尔和拉尔斯·吉姆松在其《公共空间·公共生活》中鼓励人们直接用眼睛去观察，以便人们更好地走入城市场景中，并利用自己的感知，用笔和纸记录下来常见的感觉和简单的识别方法[①]。因为最简单的人工观察方法不会破坏生活场景，否则观察者会影响观察的科学性。观察是建筑学、城市设计最基本的调研方法。比如设计一家商场的内部摆设，我们就要研究"购物人类学"和"购物行为学"。首先我们要观察人群的行走路线，以及行人在行走过程中的购物行为和习惯。

某商店销售人员为了提高皮带的销售量，把货架放在门口处（如图3-4），但是发现皮带的销量反而下降了。通过行为观察法，发现80%挑选皮带的顾客被来往人群打扰3次，被碰撞或者让道后就放弃购买皮带。设计师调整货架的位置，向里面摆放1米，皮带的销量就提高了。这些空间的调整与人的行为学息息相关，观察法和人类行为学是建筑师的必修课。

图3-4　皮带架的摆放

下面我们来梳理一下观察法的技巧：

1. 结合具体的课题进行有针对性的研究

只有进入使用者的使用环境，才能深层次挖掘使用者的感受和需求，设计师需要学习社会学家和动物学家，融入使用者的环境，观察使用者的行为习惯，研究他们的生活、生产和休闲的方式。

2. 观察的准备

怎样才能让观察更有效？调研的目的性越强，准备得越充分，针对性就越强，实际操作效果越好。观察什么人，观察什么活动，都要事先预设好。

① 扬·盖尔，拉尔斯·吉姆松. 公共空间·公共生活［M］. 汤羽扬，译. 北京：中国建筑工业出版社，2003：6.

公共生活活动有两种：必要活动和非必要活动。扬·盖尔在《行走的人们》[①]中说到，必要活动是任何条件下都要发生的，如步行的人们中，走路上班、去办事情、步行通过空间，这些是必要活动，而漫步、遛狗等属于非必要活动。因此我们观察人们的活动可以根据人们的状态情况分成站立、步行和停坐。懂得将人们的活动类型分类是观察工作的基础。这些知识如果不掌握，工作坊的同学会一筹莫展，不知道怎么开展观察工作。

3. 制订观察方案

确定观察对象、地点和时间。

对象：在茫茫人群中，城市空间人群复杂、活动多样，我们该如何选择研究对象呢？如果我们研究的是公共生活，那么就需要把人群归类，因为不同人群产生的活动有其共性，根据场所的不同，分类方法不一样。在菜市场，要把人群分成摊主和顾客，摊主也分卖海鲜的、卖肉的、卖菜的、摊主家属等；顾客可以按年龄段分，因为不同年龄的顾客有不同的喜好。在城市公园中，我们可以按照年龄进行分类，如老人、小孩、中青年，或者根据从事的活动进行分类，如看手机、散步、运动、娱乐、聊天等。

地点：在我们城市设计、景观设计中，地点一般就是项目委托的地点及周围环境。地点的确定往往是一个街角或是一个小空间，眼睛能看到的范围。

时间：即定时观察，设定不同的观察时间点，一般选择15分钟为统计时长，可根据人群的活动频率和特点做相应调整。

4. 观察与收集数据的案例

在2017年工作坊非椅组中，学员需要改造一个社区中的公共空间，他们采用了观察法观察公共空间人群及其活动的分布。在这个案例中，采用按年龄分类的方法将人群分类，另外使用定时定点观察方法进行记录。

前期调研中，学员对水泥平台附近的人流量进行统计（如表3-1、图3-5、图3-6），并对停留在水泥平台的居民活动的类型、规律进行观察记录（如图3-7、图3-8）。在此地停留的主要人群是周边居民，以中老年人和小孩为主，他们的活动类型有聊天、休息、玩耍、玩手机、抽烟等。

表3-1　水泥平台周边空间人群行为调研内容

调研项目		调研内容	观察时间
水泥平台周边空间行为调研	行人流量统计（工作日、休息日）	到来人数／人次	8：00—18：00（每小时前10分钟）
		离开人数／人次	8：00—18：00（每小时前10分钟）
	行人类型统计（工作日、休息日）	不同性别人数／人次	8：00—18：00（每小时前10分钟）
		不同年龄人数／人次	8：00—18：00（每小时前10分钟）
	停留活动统计（每处空间节点人的行为状况）	①站立②坐着③躺着④儿童行为⑤聊天娱乐⑥贩卖⑦整理货物	8：00—18：00（每两小时记录一次）

---

① 扬·盖尔. 行走的人们［J］. 建筑师，1968（20）.

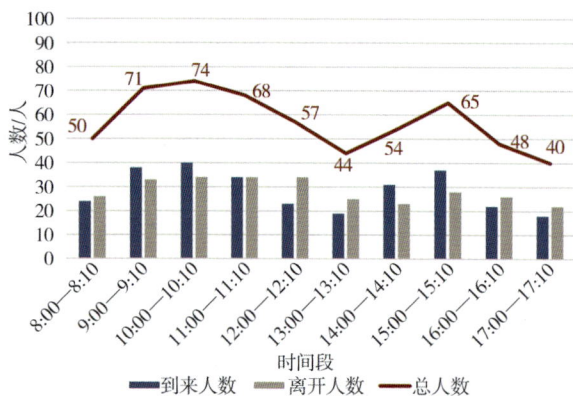

图 3-5　水泥平台周围的人流调查（工作日）

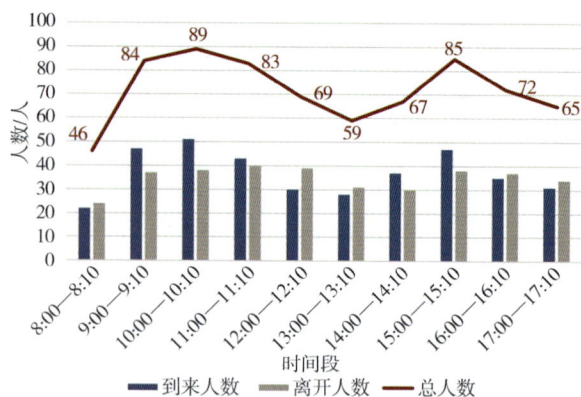

图 3-6　水泥平台周围的人流调查（休息日）

制作以上图片的目的：了解环绕水泥平台的路人流量变化的特点。一天当中，到来人数明显多于离开人数的时间段主要集中在 9:00—11:00 和 15:00—16:00，说明此时水泥平台聚集人数较多，聚集在水泥平台上的人数变多，公共设施的使用需求量就变大。

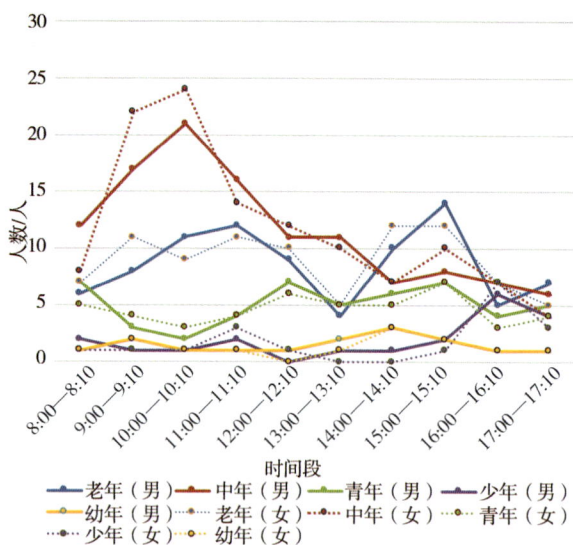

图 3-7　水泥平台周边人群类型调查（工作日）

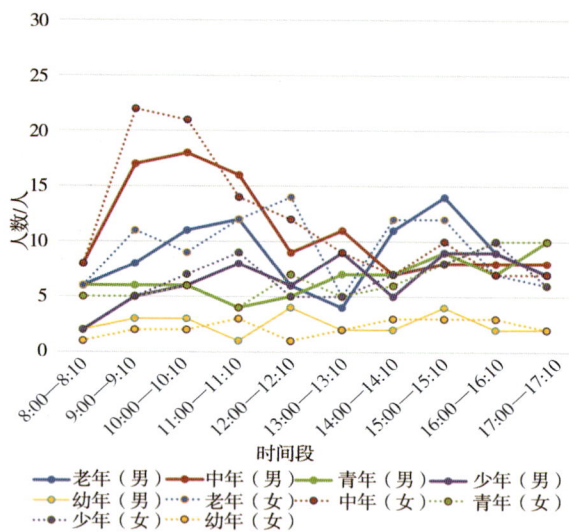

图 3-8　水泥平台周边人群类型调查（休息日）

从图 3-7 可以看出，工作日水泥平台周边活动人群主要以中老年为主。呈现的特点是：上午时段，中年人明显多于老年人；下午时段，老年人多于中年人，这显示中老年人公共活动的时段呈现不同的规律；青少年和幼年较少出现在水泥平台周边。

从图 3-8 可以看出，休息日水泥平台周边活动人群中老年人的分布规律与工作日基本相同，只是人数有所增加。但在休息日，青少年人数明显增加，青年人数在中午时段较多，少年则在 16:00—17:00 集中出现。

5. 观察者会影响观察对象的行为吗？

在城市公共生活研究中，太多的观察者同时介入公共空间，进入观察对象的公共生活，会对观察对象造成一定的影响，所以观察者做观察调研的时候要分散，一般不超过 3 人。观察者也不宜带着太明显的器材，如较大的相机、摄影机，宜带纸质笔记本做记录或者使用手机拍摄和录音，这些不易引起关注。

3.3.2 行为注记法

行为注记法（behavioral notation），即在目标场地将活动发生的种类、场所和数量等信息用图像形式标记出来。其中包含快照注记法（snapshot）和活动注记法（behavior mapping）。如何在建筑学设计中使用这些调查方法的数据？

在2017年工作坊非椅组的案例中，进入研究范围内的人群、停留下来的人群，其活动基本集中在水泥平台，学员把人群各种行为用不同的符号表示，标注在地图上（如图3-9）。

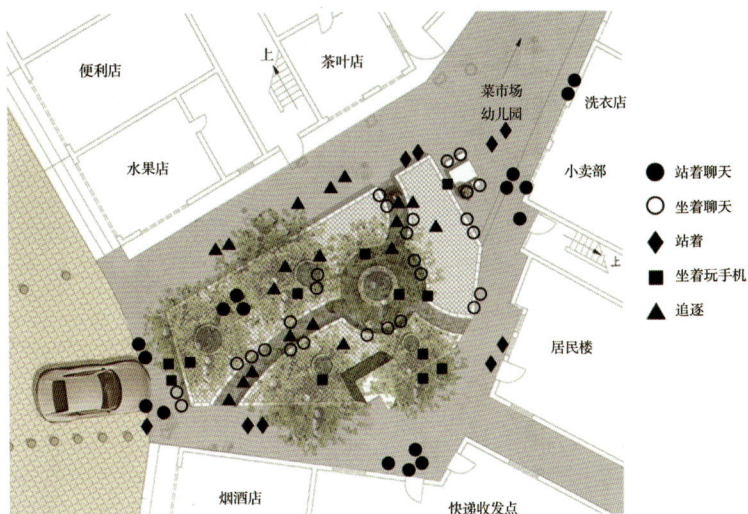

图3-9 行为注记图

从图3-9，我们就可以很直观地看到坐着聊天的活动是最多的，而且集中在水泥平台内部，因此小组设计了一组名为"非椅"的城市家具。"非椅"充分考虑人群的需要，包括老人和孩子的尺度和需求，满足在此处大人休息、孩子玩耍的社区公共设施需求，从而激活公共空间。

3.3.3 轨迹观察与跟踪记录

轨迹观察（trace observation）是指在平面图上记录个体的运动轨迹。具体方法是调查者持有一张地图，从选定的地点跟踪行人并记录其步行轨迹。要特别注意的是，首先行人的选择应该是随机的，可以使用简单随机抽样，同时应该考虑年龄、性别的均衡；其次需要设置一个时间上限，如15分钟以后就不再继续跟踪。

图3-10是其中一个小组学员定时定点跟踪石牌村居民得到的时间与人群活动的关系图。他们在石牌村选择了几个地点，从早上6:00到中午12:00跟踪、观察早餐车行走的轨迹以及接触的人群。这样有利于分析人物、时间、地点之间形成的关系。

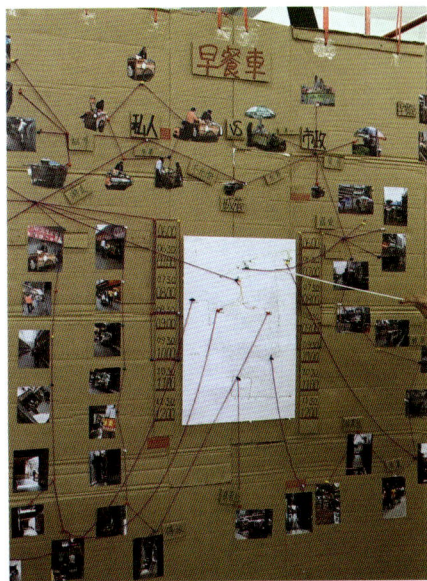

图3-10 石牌村居民行为轨迹图

3.3.4　拍照摄影调研

拍照摄影调研就是用图片讲故事。首先照片之间要有空间关系，并能反映出行为关联和具体的空间位置；其次行为之间要有冲突与联系，这些照片能串联成一个空间行为的故事（如图3-11）。

2016年"看不见的城市"工作坊板车组的同学在石牌村调查使用板车的师傅，观察他们一天的生活，包括观察他们使用板车为岗顶电脑城送货、存货的服务，观察他们的休息、休闲娱乐，再以时间顺序串联出来的就是板车师傅们一天的故事。

也许你们从来没有关注过板车师傅，但是板车组的学员们告诉我，他们之前也没有真正停留下来观察这些身边的过客，通过工作坊的这次活动，他们看到了"别样人生"，看到别人生活中的苦与乐，品味了一回别样生活的滋味。正如本次工作坊的名字一样，我们都有一个"看不见的城市"。

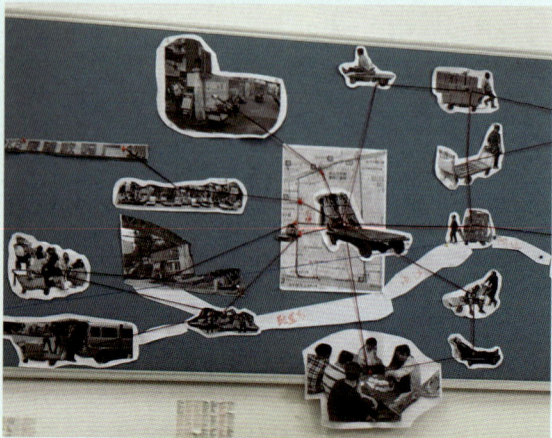

图3-11　板车师傅的空间行为图

3.3.5　访谈法

访谈法（interview）是调查者和被调查者通过有目的的谈话收集资料的一种方法。访谈法的特点在于调查者和被调查者之间的即时互动。除了一对一的访问方式，在公共参与阶段，还会有公众听证会等"集体访谈法"形式。

（1）要怎样访谈？

有些同学马上会想到：很简单啊！预先准备一些问题打印出来，访谈过程中，我拿着打印出来的问题单子，一个个问被访谈的对象，然后我拿着笔记本记录对方的回答，如果担心来不及记录，可以在旁边放个录音笔，把访谈的过程录下来。

我们换位思考一下，如果我们是被访者，看着对方拿纸笔记录，甚至是录音，我们将会处于一个什么状态？毫无疑问，被访者马上进入高度警惕和高度紧张状态，这种状态会马上在访问者和被访者之间筑起一道无形的墙，我们访谈的对象一般都是普通居民，他们面对这种"架势"，会招架不住的。结果是：被访者会拒绝我们的访谈，或者会敷衍我们。这样的访谈是失败的，收集的数据也不真实、不准确。

图3-12　正确的访谈方式

我们需要另辟蹊径：预设问题是需要的，但是我们必须记在脑子里；记录也是需要的，可以的话，记在心上，如果难度太大，录音也是可以的，但是要隐藏起来。这不是"偷偷"录音，我们这样为了消除被访者的不适，更有效地采集有效信息，这些采集的信息只用于学习和研究，因此，我们不需要对这种"隐藏"的做法有过多的心理负担。

如果我们一开始就说："我是某高校的学生，正在研究某个课题，请您配合一下，回答我的问题……"这种开场白成功率是比较小的，特别是对于一些忙碌奔波生活的中青年人，因为疲于奔命的他们没有时间关心与自己的生计无关的事情。而对一些闲坐、无事的老年人，这个开场白可能有用，因为他们最不缺的就是时间，他们可能喜欢有人跟他们聊天。

（2）如何开始访谈？

2018年工作坊的进行过程中，有几个小组都有失败的经验。街道芭蕾组是其中之一，最初几天，他们一无所获，而这个时候，有些小组都已经开始着手准备设计方案了。他们被受访者几度拒之门外后，非常受挫，情绪也很低落，变得怀疑自己，怀疑课题是否能进行下去，甚至想放弃。他们的受访者——一些小商铺的老板几次赶他们走，声明让他们不要再来打扰。他们就是用这种开场白："我们是学生，我们正在研究一个课题，我们想请您配合我们的调查……"话还没说，就遭到了拒绝，这种情况下就真的很难继续进行调查和课题研究了。

因此，导师们建议换一批商铺重新开始，并引用了一个成功案例供他们参考。这个案例是：从前一批学员调查几家小小的咖啡店，学员们没有一开始就冲进去访谈，而是先去喝几次咖啡，观察到咖啡店缺少一些漂亮的招牌，他们就跟店长聊，并免费为咖啡店手工制作了一些漂亮的小小广告牌挂墙壁上。他们的举动令店长非常高兴，从而跟店长成了朋友，然后继续深入了解情况，很多想知道的问题，在聊天的过程中也就得到了答案。这个小组的学员借鉴了这个方法，重新出发，想了很多方法，跟商铺老板成功做朋友，邀请各种手工匠人上演了一场街道芭蕾（如图3-13）。

图3-13　街道芭蕾组

通过总结，成功率比较高的方法是：通过"观察"，我们对被访者有一定的了解后，再根据观察结果找话题与被访者进行交流，这个话题不能是课题研究的相关问题，应该是跟被访者生活相关的话题，生活化的话题是最易展开聊天的。比如说：在公园奏乐的老年人，我们可以以其演奏的乐器为话题，向其请教乐器相关的知识，凡是这种乐器爱好者，都以乐器或者自己的弹奏为傲。以这个为破冰话题，等到聊到一定的程度，再进行自我介绍，继续深入我们要探讨的问题。

3.3.6　体验法

图 3-14　实证体验法

设计强调"同理心"（有人称之为"共情"）。同理心（empathy），亦译为"设身处地理解""感情移入""神入""共感""共情"，泛指心理换位、将心比心，亦即设身处地对他人的情绪和情感的认知性的觉知、把握与理解。

在地学研究和地学景观欣赏专业上有一个方法叫作"实证体验法"，观赏者可以把自己融入山水中，用心体验山水之情，将自然科学与人文社会科学的研究方法融为一体（如图 3-14）。

我们可以借鉴这个方法说明我们工作坊调研上的"体验法"，就是让学员通过亲身体验使用者的感受，让学员融入使用者的身份、工作等，从而让学员深层挖掘使用者的需求，进而设计出符合使用者需求的设计。

案例一： 我曾经跟学员开展城市的无障碍设施的使用现状研究，拟通过改善无障碍设施的方便性和可用性，提高残疾人和弱势群体在这个城市的可达性。同学蒙住眼睛，体验看不见的感受，他们尝试拿着导盲杖，在人行道上缓慢前进。不到 5 分钟，学员就崩溃了，他们觉得内心充满了恐慌，不敢前进（如图 3-15）。学员们记录下来：地上的盲道断断续续，或是被多次更换铺装，或是被植物生长破坏，或者是被人为占道，他们根本没办法辨别是停止还是可以继续前行。在其他学员的引导下来到马路边，他们没办法辨别"红绿灯"，不知道什么时候能过马路，或者路边提示残疾人指示灯的设备是坏的，或者根本没有设置。

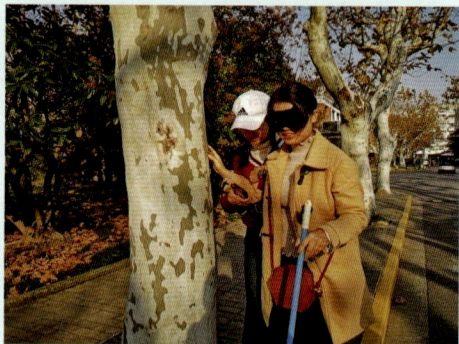

图 3-15　学员蒙住眼睛体验盲人行走

案例二： 一个学员坐上轮椅，另一个学员推着他前进，出行了一公里，发现要越过无数个障碍，因为校园道路的人行道并不完整，断断续续，轮椅在车行道和人行道之间变换，轮椅要越过无数个"高差"。他们认识到，残疾人在这个城市的可达性有多差。后来坐轮椅的学员自己滚动轮椅前行（模拟残疾人单独出行），这个学员很快就放弃了，他们发现靠自己滚动轮椅，基本上寸步难行，因为道路中 5cm 以上的高差太多，这些小高差成为残疾人无法逾越的障碍（如图 3-16）。

图 3-16　学生坐轮椅体验行动不方便人群单独出行

在这个快节奏的时代，我们都变得急功近利。在工作坊中我们主张：放慢步伐，看一看，想一想，感受一下！我们会发现别样风景！你可能会说这些道理我们都懂了，但是你做到了吗？工作坊就是要学员们将这些道理落地。在这些调研方法的指引下，设计者获得的是跟浅层调研方法截然不同的信息，设计者会以全新的视角去审视城市公共空间，结合创新的思维方法，导向新的设计方法。

工作坊的设计成果也许不是一个高大上的建筑，它有可能是一个设备，一个装置，一个路线，一个活动，一个展品……这里的"它"有无限可能性，这正是当下"设计思维"创新的根本——无限的可能性。

3.4　方案表达技法培训

传统的建筑学专业表现技法有图纸、虚拟模型和手工模型等。工作坊的设计理念表现技法丰富多彩，如多媒体、叙事短视频、蒙太奇、舞蹈和话剧等，只要是对表达有作用的，都可以。因此，每次工作坊成果展览会犹如一个舞台，成果的多样化展示着工作坊同学丰富的想象力（如图3-17、图3-18、图3-19、图3-20）。

图3-17　舞蹈表达开幕的主题
图片来源："隐形的城市"工作坊

图3-18　手工模型
图片来源："看不见的城市"工作坊

图3-19　短视频
图片来源："隐形的城市"工作坊

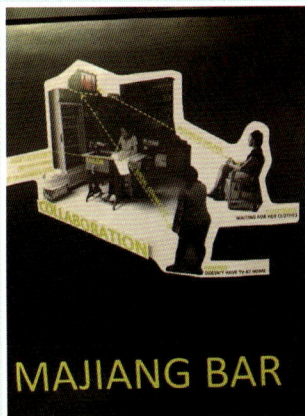

图3-20　蒙太奇
图片来源："隐形的城市"工作坊

3.5　工作坊的实践能力培训

　　工作坊的各个方面都需要学员身体力行，调研、获取数据、与公众打交道、设计方案、汇报方案和实施方案等，几乎没有学员能够游手好闲。在工作坊开始的那一刻，学员们就会进入紧张的状态，不是在思考，就是在观察，在讨论，在画图，在整理资料，在做手工模型，在剪辑视频……工作坊的现场像忙碌的工厂车间，在这里，学员的实践能力得到彻底的展示。下面我们将介绍在工作坊中学员们是如何一步步大显身手的。

3.5.1　张嘴

　　工作坊的学员来自五湖四海，一开始学员之间都是互相不认识的，首先，他们要通过沟通相互认识，他们要张嘴介绍自己，通过话题与其他同学熟悉起来。

3.5.2　开眼

　　这里说的"开眼"不单是指睁开眼睛看世界，而是需要学员打开"心眼"，看懂我们工作坊的调研现场。他们的眼睛不能只局限于眼前看见的，而是需要有双"透视眼"来透过现象看本质，这里培养的是学员的"洞察力"。

3.5.3　动手

　　社区营造主题的工作坊要求把设计的作品搭建起来，因此要求学员有一定的使用电锯、电钻、切割机等工具的能力，同时需要有一定的施工工程思维。大部分学员在这方面缺乏经验，因此，在工作坊设计后期——学员双手搭建作品之前，我们会对学员进行工具使用、搭建构筑物的工程经验进行培训，如图 3-21 为导师展示如何搭建构筑物，图 3-22 为导师指导学员具体操作。

图 3-21　导师的示范

图 3-22　导师的指导

3.5.4 动脑筋

另一扇更难开启的门——调研对象的内心世界。工作坊的开始，我们见过太多不知道如何入手的小组。调研阶段，学员们就开始碰壁。首先是他们不敢与调研场所的人群交谈，害怕被拒绝。比如有一个设计小组，想开展"如何提升城市内无障碍设施的使用率"的议题，那他们必须先观察行动不方便的人群，然后进行访谈，最后是体验。但是课题开始两周了，他们依然没有进展，汇报方案的时候，几个同学不好意思地相视而笑，说他们不敢访谈残疾人，因为怕触碰到残疾人的脆弱心灵。

经过指导老师的鼓励和建议，他们在第三周才敢与残疾人交谈，第三次汇报时，他们都略带喜悦，为了自己能打破心中的隔阂而取得的一点点成就感而高兴。他们陪同残疾人在这个城市中穿行，发现了很多设计不合理的地方，如果没有行动方便的人陪同，残疾人根本没办法通行。第四次汇报时，他们忧伤了，因为他们亲身体验了一把残疾人的状况，他们蒙住眼睛，拿着棍子走路，发现走了不到5分钟，就被眼前的黑暗打败了，不敢继续前行了；他们坐在轮椅上，自己推着轮椅在城市中行，发现寸步难行……于是他们忧伤了。

3.5.5 用心

用心做一件事情是最高境界，我们说心指导着大脑，大脑指导我们的行动。如果在工作坊的一系列活动中，学员能受到某样事情的驱动，或者带着感动的心去进行，又或者对自己做的事情很感动，他们就成功了一半。有所触动就代表有所收获，代表成长。这正是我们工作坊的宗旨之一。在工作坊的案例中，包括家外家组、秘密花园组、银发世界组中，我们都看到了很多心灵的"触动"，有些学员汇报时还落泪了，所以，我相信他们成长了！教学需要的就是这些"唤醒"和"触动"！

3.6 工作坊的思维训练

当前教育的重点已经从实践能力的训练转向思维能力的训练。南京大学建筑与城市规划学院名誉院长鲍家声教授在他的《南大建筑教育论稿》中提到，现在的建筑学教育已经真正让建筑设计教学从传统"熏陶式"教学模式转变为重在教思维、教方法的"手脑并训，以训脑为主"的新型"理性"教学模式；从传统的重设计、绘图的技法训练转变为重理性思维和方法论的培养，彻底改变通过手把手的示范来传授设计技巧，而忽视对学员创造性思维能力的培养的传统习惯。可见当前教育对思维训练的重视。

工作坊对学员的思维训练是多方面的：首先是对他们思维模式的训练，让学员从传统的回答问题方式学习到独立思考发现问题式学习；从自上而下的设计思维到自下而上的设计思维；从宏观思维转变成"以小见大，见微知著"的思维模式；从个体思维转变到团队思维；从营造思维到创新思维。下文，我们探讨一下转变思维的方法。

3.6.1 变换尺度关联法

调研的第一步是"发现细节"。本着"以小见大，见微知著"①的出发点，在调研现场寻找平时容易让人忽视的微小元素。通过变换尺度关联法，将微小元素及其关联的元素放大尺度到人体尺度、公共空间尺度、城市尺度，以元素之间的关系网指导公共空间改造。这种思维模式的推理方法，从 1∶1（小尺度），1∶10（中尺度），1∶100（大尺度）等不同尺度寻找微小元素与其关系密切的元素之间的联系（如图 3-23）。运用此模型把看似松散的元素通过"线索"联系起来，形成一个有内在联系的研究主题。

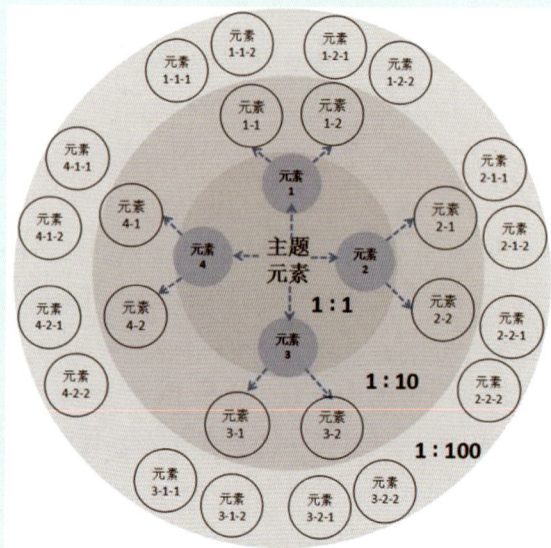

图 3-23　变换尺度关联法示意模型

3.6.2 创新分析思维

人们的思维习惯是确定一个想法后，会提供很多论据和理念去支持这个想法，有时候不惜牵强附会、违反内心的声音去论证，继而迷失方向。建筑师在敲定一个设计方案的时候，也会如此，找不到可行的方案，为了交任务，只能理想化一个方案，然而这样的方案是不符合现实、没有太大意义的。我们认为教会学员客观审视课题才是最重要的。我们并没有要求学员的成果是出一个设计方案或者是一套漂亮的图，我们更重视学员在其中审视问题的思维过程，以及分析问题的方法。很多时候我们面对一个设计课题，建筑师是没有办法提出一个既理性又能解决问题的方案的。所以，很多时候我们会跟学员强调我们的工作坊课题没有确定的成果模式。我们只需要探索问题本身以及我们思考的过程，然后回到自身，思考：在这样的现实中我们能做什么？

在我们的设计课中有一个这样的案例。图 3-24 是一个位于佛山的小村庄，这里现存一部分传统建筑和大量的 20 世纪八九十年代的农村自建房，这样的村落可以说在中国的南方随处可见。这里也存在着中国乡村常见的问题，旧村老化，原居民基本上移居新城，旧村曾经繁华的老街基本上废弃，繁华存留在原居民当年的记忆中。

作业要求是活化改造村庄。10 个小组的学员几乎毫无差别的总体策划就是发展旅游，画出一套漂亮的图纸。

图 3-24　佛山某村庄鸟瞰图

学员们的方案没有经济分析，没有太多的文化调查，没有思考。他们没有去思考我们面对一个这样的村庄，规划师和设计师应该担任什么角色，我们是基于谁的利益去做这个设计方案。这些问题太重要了，因为我们代表的是强势利益团体，而学生做出来的方案只是为了交作业，交了一个"乌托邦"规划。

我们认为在做方案之前首先应理清这当中的各群体及其利益的关系（如图 3-25），然后得出各个利益团体所希望的改造方案示意图，最后告诉大家，现在这个方案处于什么阶段，最可能实施的是哪一个方案。

现在我们不妨对这个村庄的改造进行一轮探索。根据图 3-25，这里占重要地位的角色有政府、房地产开发商、原居民、目前住在旧村中的外来务工者（旧村的真正使用者）的态度。

图 3-25 项目利益关联者之间的分析图

政府：推倒重建发展房地产或者是打造成特色老街。

房地产开发商：推倒重建，容积率尽量高，利益最大化。

原居民：拆迁改造，获得最大的赔偿，最好能留下一些有记忆的场所。

外来务工者（租客）：最好不要动这片地方，否则没地方容身，会被赶走。

因此，面对这几个利益团体，如何做出一个折中的方案，能同时兼顾他们的利益，几乎是无解！只要我们动土，都势必伤害某个利益团体。最常见的是村庄中的外来务工者被清除，因为他们最弱势，社区发展的经济内在动力会把弱势群体淘汰。

谈到村落的弱势群体，何志森博士一直在探索村庄中这部分弱势群体是如何在城市中生存下去的，现实是大部分基层人民在城市中难以生存。何志森博士曾经带领学生调研深圳的南头村（现南头街道），当他带领学生完成南头村的工作坊的时候，政府决定保护这个以外来人为主的社区（如图 3-26），维持现状不做拆迁改造。然而令人惊诧的事情发生了：村庄的业主们带领施工人员到村中敲掉自己房子的楼板，表示对这一决定的不满，希望用这个行动迫使生活在这里的外来务工者搬走，从而启动拆迁工程。何志森博士的"超级乱糟糟工作坊"暗喻着村民们想借拆迁发财的梦想破灭了（如图 3-27）。

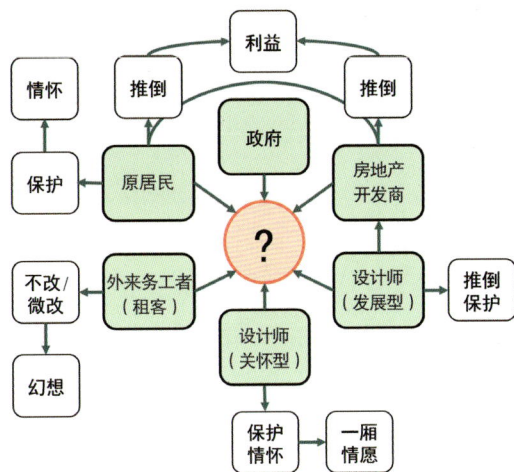

图 3-26 深圳南头村居民

图 3-27 何志森博士的"超级乱糟糟工作坊"

在实际学习和工作中，学员应该学会"放大"和"缩小"自己的视角，像照相机的镜头一样，远近大小随时切换，而且要移动镜头，从不同角度看事实。回到那个村庄规划项目，从这个项目涉及的各个人群来分析他们的需求，设计师只能在这当中充当一个平衡者角色，用何志森博士的比喻就是设计师一直在"走钢丝"，寻找一个能够平衡各个利益点的方案。图 3-25 中的问号就是这个"方案"。这个方案不是一蹴而就的，而是随着时间的推移，随着各个利益团体的角逐，由强势的利益团体来主导这个方案的设计方向。但是这个强势的角色一般不会是建筑师，建筑师只能当平衡者，一旦建筑师想主导这个设计，就很可能被踢出局。

建筑师能干什么？建筑师本来就是为使用者设计产品，我们虽然不能主导设计方案的走向，但是我们可以在为强势的利益团体设计方案的时候，多为弱势群体考虑，看能不能将他们的利益考虑进方案中。

3.6.3 创新设计思维

在工作坊中，我们用游戏的方式激活学员的创新能力。

何为创新呢？

创新是指以现有的思维模式提出有别于常规或常人思路的见解为导向，利用现有的知识和物质，在特定的环境中，本着理想化需要或为满足社会需求，而改进或创造新的事物、方法、元素、路径、环境，并能获得一定有益效果的行为。

创新设计思维贯穿整个工作坊的全过程。比如调研之前，我们就要求学员们先忘记自己的专业是建筑学，用一个普通市民的角色去体会我们的调研对象所处的空间和他们的生活环境。只有忘记自己的专业，采用"空杯理论"，倒空了我们的头脑，我们才能用一颗平常心去体会、去感受调研对象的真实处境，才能洞察到之前从来没发现的问题，才会产生灵感和创意。如果总是以一个建筑师的角度去看、去计算、去测量，那我们能看到的只是表面信息。

蔡一凡同学毕业于华南理工大学建筑学院，她设计的"报刊亭"就是创新设计的一个很好的案例（如图 3-28）。她通过迂回的信息获取途径，得知报刊亭原本是政府给残疾人提供就业岗位而设置的，然而现实的经营者却身体健康，这背后隐藏着什么故事呢？她带着这个大大的疑问展开调查，发现在实际经营工作中，报刊亭的经营对于一个行动不便的人来说还是存在诸多困难的，于是残疾人把这个报刊亭转租给其他人（大多是外来务工者）。于是这个报刊亭就承载着残疾人和租赁方的生计，但是出售报刊的利润微薄，如何维系双方的生计呢？通过访问、探索、推理，她了解到报刊亭的主要利润并非出售报纸或者是小商品，而是报刊亭身上的广告牌位置租金。于是她把报刊亭亭身设计成可折叠的，打开后，报刊亭如大鹏展翅，多面的广告牌位置满足了报刊亭经营者最现实的功能需求，并可通过改变组装方式，形成一个"庇护所"，一个交往空间。这是一个充满了人文关怀，又具实用价值的设计作品。因此，这个设计斩获了 2015 年全国高等学校城乡规划专业作业评优奖三等奖。

INFORMAL COMMUNITY [Research]: **What, when and where to sell?**

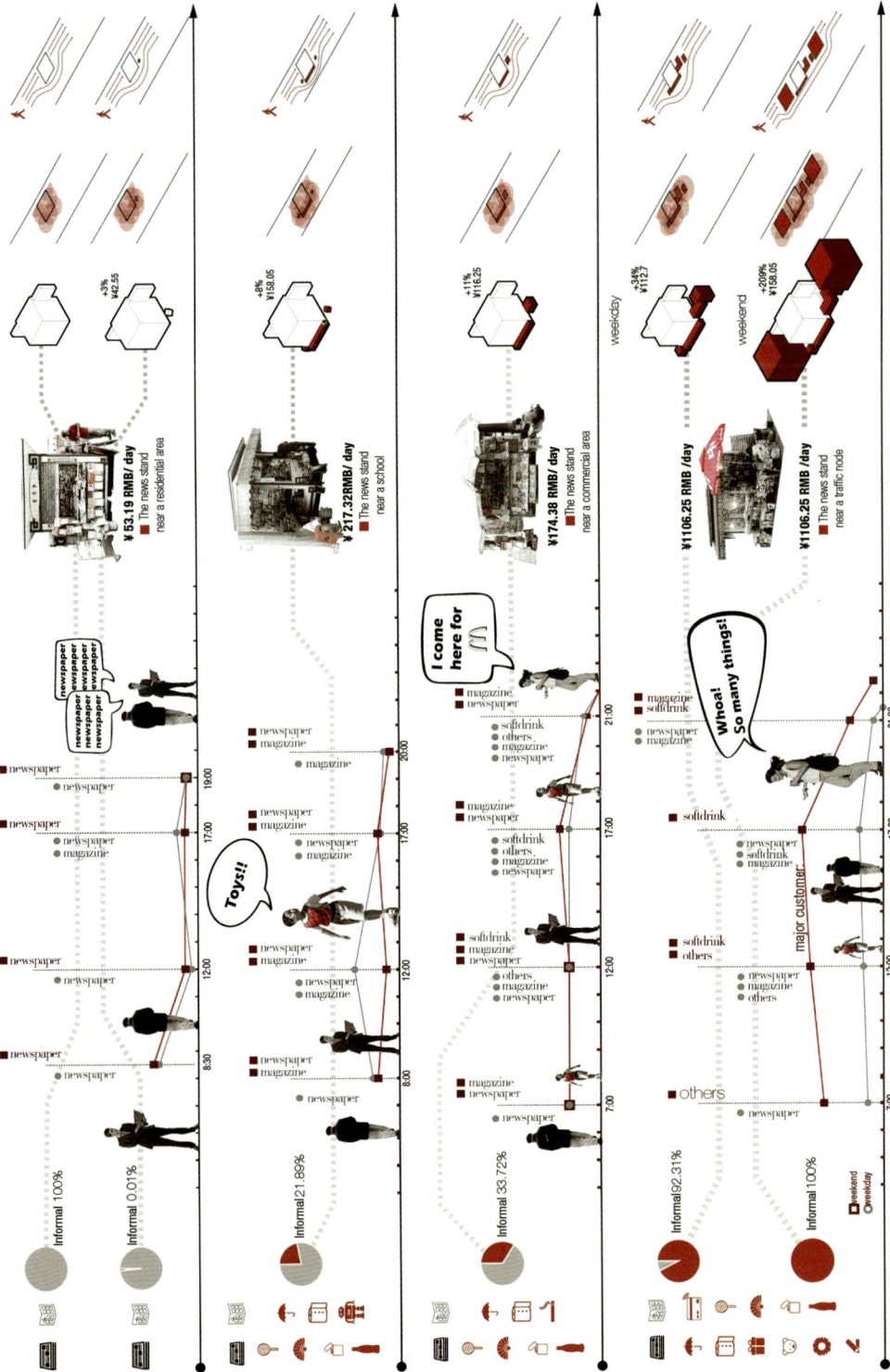

The news stand near a residential area:
A relaxing place
The News Stand which is proximate to the residential area sells almost no informal commodities and occupied least side pavement. Its daily profit is the least in four News Stands. But residents nearby enjoy resting and chatting here, which forms an informal community center.

The news stand near a school:
Children's paradise
The News Stand which is proximate to the primary school sells toys and teenager magazines to the children, which causes 2 customer peaks at the school dismissal time.

The news stand near a commercial area:
Convenience shop
The customers of the News Stand which is proximate to the commercial area are mostly the customers of the stores. Due to its surrounding, it sells mostly softdrink and tissues.

The news stand near a traffic node:
Community service
The News Stand which near the metro station sells most informal commodities due to the vast people circulation near the metro station. Its sidewalk occupation also changed as the people circulation of the metro changed.

Informal 100%

Informal 0.01%

+3% ¥42.55

¥53.19 RMB/ day
■ The news stand near a residential area

Informal 21.89%

+8% ¥158.05

¥217.32RMB/ day
■ The news stand near a school

Toys!!

■ newspaper ● newspaper ● magazine

Informal 33.72%

+11% ¥116.25

¥174.38 RMB/ day
■ The news stand near a commercial area

I come here for

Informal 92.31%

weekday +34% ¥1127

weekend +209% ¥158.05

¥1106.25 RMB /day
■ The news stand near a traffic node

Informal 100%

¥1106.25 RMB /day
■ The news stand near a traffic node

Whoa! So many things!

major customer

□ weekend ● weekday

图 3-28　报刊亭图图纸（蔡一凡提供）

如果我们把报刊亭设计归类成满足功能的需求，那何志森老师菜市场"手之博物馆"打破了人与人之间的交往隐形边界的需求，已然成为社会学方面的创新设计（如图3-29）。

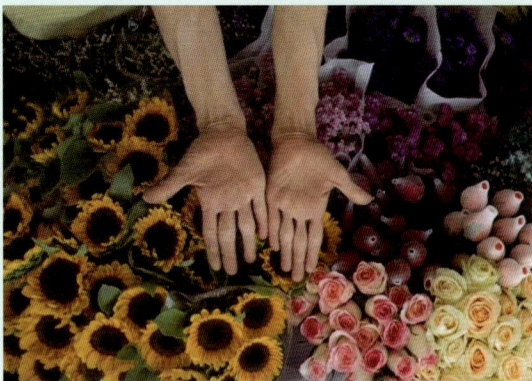

图 3-29　手之博物馆

创新没有学科之间的界限，工作坊其中一个宗旨就是打破专业知识之间的边界，让学员回归对眼前这个世界的思考。学员如果以"建筑师"的身份去观察世界，有时候眼睛会被蒙蔽，脑子会自动过滤非建筑专业领域的信息，思维也会局限于"建筑师"的思维，此时他们会忽略掉很多现实问题，或者即使意识到哪里不对，也不在意，这样就会错失发现城市空间隐藏信息的机会。

如2017年我们举办的"竹丝岗社区营造"工作坊中的隐形设计组，同学们发现社区医院的一条交通路上存在不少的问题：路旁设置有休息凉亭、花架和树墩状的休息座椅，但是都丧失了它们原来的功能；花架周边空间被共享单车占据；花架被用作晾衣架；围墙被理发师用作工具架。针对乱停乱放的共享单车，学员们的定向思维是在路边空地做一些固定支架，让共享单车固定在上面停放，减少共享单车占用人行道和休息亭的空间。然而我们不是政府，也不是社区管理员，我们没有权力对这个公共空间做任何的改造。指导老师也不希望学员们陷入"改造一个空间要投放资金或增加设施"的思维怪圈中。在导师的指引下，学员们探索出一个低投入的方法，尝试改变现状。他们做了7天的实验，在地上画线，引导使用共享单车的人自觉停放在画线的区域，实验结果（如图3-30、图3-31）证明：不用依靠资源投放，也可以改造公共空间脏乱差的情况。这种才是我们要培养学生的"创新设计思维"，这些创意能解决问题，同时能带来社会效益。

图 3-30　实验过程的拍照

图 3-31　一年后回访的照片

3.6.4 迁移性思维

迁移性思维就是我们常说的"举一反三"。当学习者将所学的知识迁移到各种不同的新情境时，最有效的学习就发生了。比如上述共享单车的隐藏设计，我在指导学生进行后续研究的时候，把这个隐藏的设计方法抽象成"公众的公共行为干预"，这个"行为干预"方法可以用于任何的公共空间中人群的公共行为引导，从而改变公共空间的环境。我们调查发现公共环境中很多"乱"都是人的无序行为导致的，如果我们把这种方法（低投入甚至是零投入的干预方法）用于公共空间的设计中，将会节约非常多的资源，同时保持了公共空间的弹性使用，提高公共空间用于不同时期的不同功能的适用性。

类似的问题有：在疫情期间，如何让在室外场所活动的人群保持距离呢？很多人会想到"封闭""隔绝空气传播""隔板"等关键词，然而，研究证明：保持距离是最有效的防疫方法，画一个圈［如图 3-32（a）］，提醒人群在圈内活动就可以有效阻断病毒传染。

我曾指导过一个城市设计概论课的作业，学生的选题是：疫情期间路边摊的防疫设施。原因是他观察到疫情下，很多人失业，以上街摆摊为生，可是人们完全没有防疫意识，不戴口罩，摊主与顾客之间也是完全没有阻隔设施的［如图 3-32（b）］。刚开始他反复推敲如何用隔板把人们隔离开［如图 3-32（c）］，然而这些隔板设施都太笨重，不适合每天需要摆摊和撤摊的小贩们。学生通过借鉴"聪明的圆圈"和"玻璃球"案例［如图 3-32（d）］，最终做出了一个改善方案［如图 3-32（e）］，这块隔板是使用轻质透明塑料板材制作，能阻隔摊主和顾客之间近距离飞沫传染，是一个比较适合小贩的设施，同时通过地上的颜色块提示让排队的顾客保持距离。

迁移性思维可以起到举一反三的作用，能让学生学到一种方法之后迅速用到其他领域。工作坊中展开的课题都具有迁移性思维培养的效果，学生们可以将研究过程和方法迁移到不同场景中使用，课题的无限延展性是我们工作坊的特色之处。

a

b 疫情下的某街头

c 隔板初构想

d "玻璃球"案例

e

图 3-32 迁移性思维的运用

第4章 工作坊过程简述

　　别敦荣教授曾经说过：学生在课堂上学的是"已知"知识，在课外探索中获取的是"未知"知识，经过动手的过程获得的是"经验"知识，只有获得这三方面的知识，学生才能产生智慧。满足学生获取三种知识的课程才是一个好的课程。

　　工作坊是能满足学员获取"已知""未知""经验"知识的创新课程。学员的培训、调研、实践分别对应三种知识的获取途径。在这个基础上我们还进行拓展，方案投入使用后，观察使用效果并进行改善，这是学生进行反思的过程，是学生产生智慧的过程。下文将简述每个环节的进行要点。

图4-1　工作坊网上推送消息

4.1　公开招募学员

　　联合工作坊一般由合作的高校教师推荐或者带领学生前来参加，有时候为了促进跨界、跨学科的交流，会向全国的高校公开招募学员。公开招募的方式有微信朋友圈推送、工作坊公众号推送等。

　　对学员的报名条件可以进行一定的限制，并限定报名截止日期，等报名结束以后，根据工作坊的主题以及学员自身的条件进行筛选。工作坊的学员人数一般为40人左右，分别来自全国各大高校的建筑专业、景观设计专业、城市规划专业、美术专业等，多学科的师生组成一个多样化的交流平台。

　　招募工作一般在工作坊正式开始之前的1~2个月完成，如此方便外地的同学做好时间和住宿等的安排。

4.2　学员的培训

　　工作坊正式开始的第一天，一般是学员报到的时间，当天学员们和导师相互介绍之后，展开的第一项重要任务是学员们的技能培训，培训内容在第3章叙述过，在此不详细赘述。

　　工作坊根据不同的主题进行不同的培训，培训的内容通常包括往届学员分享经验、导师讲课、导师示范等。

4.3 开题

　　学员经过培训后，工作坊正式启动。第二天，工作坊的导师会讲解工作坊的主旨、研究计划和时间安排，带领学员去选定的地点进行初步调研，与学员沟通社区改造的相关事宜，在此过程中，导师和学员之间加深认识和了解，更多的是学员之间的互动。第三天，学员根据前两天的相处和了解，以及对社区改造的想法，自行分组，拟定小组的课题，并制订课题的初步研究计划（如图4-2）。通过分组调研从而确定或者淘汰一些课题，在3~4天后举办一个开题报告会（如图4-3），导师和学员们共同讨论各个小组的选题是否有意义，是否可行。

图4-2　初步调研阶段

图4-3　开题报告

4.4 调研

　　调研是工作坊非常重要的环节，贯穿工作坊的全过程。第一阶段的是初步调研，开题之后，随着设计的加深，调研工作根据需要随时进行。设计需要数据，而数据需要研究者通过观察、记录、拍摄和访谈等途径进行收集，有些数据还需要分时段观察记录，以获取有效的数据。

　　后期阶段的调研实质上是投入使用的观察和测试阶段。作品制作完成后，需要投入使用，该阶段需要学员监测作品的使用情况，根据居民的使用反馈改进设计方案。这是学员获取"未知"知识的过程，所以尤其重要。

4.5　初步设计

图 4-4　方案实验的观察现场

开题之后，每个小组展开对方案的设计工作。这一过程中，组员之间的分工有观察现场和收集数据（如图 4-4）；有些设计一些小实验，邀请居民参与；有些负责绘制图纸、制作小视频。在此期间，导师和学员之间、小组内部每天都有讨论会，导师想办法帮助学员实现他们的"构想"，或者引导学员们使用更好的方法实现他们的方案（如图 4-5）。初步设计阶段持续 4~5 天，下一个阶段就是准备中期汇报（中期交流会）。

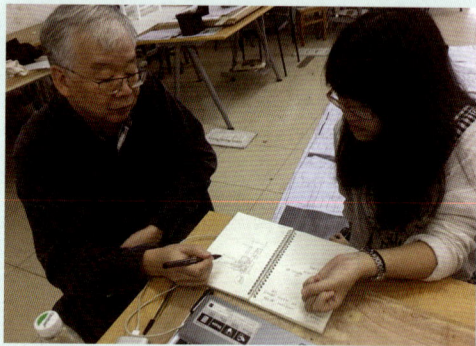

图 4-5　指导老师修改学生方案

4.6　中期交流会

中期交流会一般会提前（提前 1 周左右）邀请校外的老师、企业总监、居民等前来做嘉宾，听取学员这个阶段的方案设想。交流会上，学员们会把方案的阶段性成果展示给嘉宾，并对设计方案进行详细介绍，听取专家和嘉宾的建议，进而改进设计方案。这是一个交流会，也是居民参与设计的过程。学员在这个过程中也许会感觉到一些压力，因为他们也许从来没有体验过自己的作业被公开，被评头论足，也从来没有面对过这么多来自不同社会背景的听众解说自己的设计理念。这对于他们来说是一种神奇的经历，有些学员会紧张，忘记自己要说什么。但是这正是学员们快速成长的开始。经历过后，紧张、恐惧都会慢慢远离他们，取而代之的是自信、冷静。

4.7　方案深化和成果展示

方案深化是学员根据中期交流会得到的反馈意见来完善自己的设计方案的阶段。这是一个反思的过程，是一个痛苦的过程，也是一个升华的过程，是智慧产生的阶段。因为学员们引以为傲的想法和创意有可能在交流中被诟病，他们会想尽办法用自己"天才的创意"说服听众，或者费尽心思理解某位教授或者路边的阿姨对自己创意所提的意见，又或者沉浸在评委的赞美声中，从而竭尽全力让自己的创意更大胆。

成果展示就是学员需要完成展示方案的图纸、模型、录像等并进行公众展示。展示方案的形式也非常丰富，除了传统的图纸、手工模型和虚拟模型以外，还可能有舞蹈、视频和话剧等形式。

4.8　布展

　　暨南大学建筑学工作坊在最后阶段都会举办展览，通过室内展览或就地展示（在营造工作坊中通常采取），展览有效地发挥了社会助长的效应[①]，调动了学员们的积极性，提升了学员们的效率。

　　布展的这几天往往是不眠之夜，学员们精神处于亢奋状态，因为终于要冲刺了。即使在上一个阶段，有些小组把模型、图纸完成得比较好，但是到了布展阶段仍会面临繁重的工作。学员要根据展览的场地和展区的空间来设计自己的作品展览方式，这又是另一个设计。有些小组因为做好的模型与展览场地不匹配，为了达到更好的展示效果，需要用几天来布置展览场地，调整模型、图纸和设备（如图 4-6、图 4-7）。

图 4-6　布置展览场地

图 4-7　现场制作手工模型

4.9　设计方案使用观察阶段

　　方案施工和投入使用阶段并不是在每个工作坊中都存在的，要看工作坊的性质和主题。工作坊有调研工作坊、设计工作坊、营造工作坊等。2016 年的"看不见的城市"属于社会调研工作坊，没有设计方案使用观察这个阶段，但是在 2017 年、2018 年的社区营造工作坊中这个阶段比较重要。这是一个连接"设计师—设施—使用者"的阶段，学员们需要使用"交互设计思维"来审视自己的设计方案。交互设计概念由 IDEO 的比尔·莫格里奇（Bill Moggridge）提出，这是有关产品设计的一个新的设计理念[②]。交互设计从产品使用的角度可以理解为用户与产品以及环境之间的互动及信息交换的过程[③]。

---

① 社会助长效应：指个人对别人的意识，包括别人在场或与别人一起活动所带来的行为效率的提高。出自乔纳·伯杰（Jonah Berger）. 传染：塑造消费、心智、决策的隐秘力量［M］. 李长龙，译. 北京：电子工业出版社，2017.

② 郝秀林. 基于环境行为学的交互式产品设计研究［J］. 工业设计，2017(10)：56-57.

③ 李世国，费钎. 和谐视野中的产品交互设计［J］. 包装工程，2009，30（1）:137-140.

图4-8 产品原型

图4-9 系列产品

在工作坊进行过程中，设计方案使用观察阶段没有明确的时间界限，有些小组的方案会一直与使用者交互，小组成员会在设想之初就做出实验的产品（样品），并投入使用测试中。如2017年工作坊的百变木箱组学员就是在方案构想初期制作产品原型（如图4-8），投入使用，并进行使用情况观察，改良方案后，生产出系列产品（如图4-9）。产品的原型就是如乐高积木一样可拼装的城市家具，产品设计的大小尺度要适宜，使用者能轻松组合，变换使用功能。百变木箱整组投放使用后，这一组城市家具深得市民喜爱。另外非椅组，同样用交互设计思维来探索属于场所本身的城市家具。

非椅组通过对人群的行为观察，结合不同的人体尺度（如图4-10），学员们设计出既具备椅子功能，又能激活居民之间交往行为的城市家具——非椅。

图4-10 不同的人体尺度

交互设计极其注重使用者的心理特点和行为特点，并注重使用者与环境之间的互动，这一点对于公共设施的设计者来说非常重要，是决定产品成败的关键（如图4-11）。

图4-11 非椅

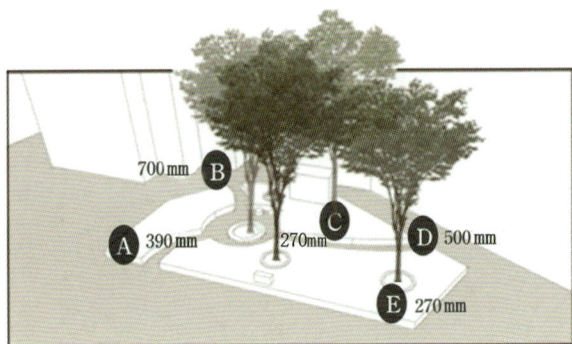

图 4-12 非椅所在场地

人们使用各种产品来满足生活需要，产品的价值在人与产品的相互作用中得以体现。[1] 交互设计中的行为过程最重要的是考虑采用何种方式交互才能减少认知摩擦，并且使产品与用户产生合理的行为和情感的交互[2]。在社区公共空间产品设计中，满足使用者的需求是关键，设计者要对使用者的心理特点和行为规律进行观察和分析，才能充分了解使用者的需求。

总之，交互设计的行为分析在社区营造产品设计中的应用，能高效地帮助改进设计。通过行为分析可以迅速而且准确地了解使用者的需求，从而有效地进行公共空间产品的设计。

4.10　终期学术交流会

图 4-13　2016 年"看不见的城市"展厅的学术交流

工作坊的最后一天也是展览开始的第一天。这一天会开展学术交流会，邀请全国著名高校的学者、企业的从业人员作为嘉宾，就工作坊的课题展开学术交流。通常的安排是当天早上带领嘉宾参观展览，由每个小组的学员进行汇报和讲解，嘉宾们进行点评，与学员交流心得。下午和晚上举办学术讲座。

图 4-14　2017 年社区营造展览现场的学术交流

图 4-15　2018 年扉美术馆的学术交流

① 赵震，吴晨，刘超 . 交互设计的行为分析在产品设计中的应用研究 [J]. 包装工程，2012，33（6）：73-77.
② 孙晓帆，李世国 . 交互式产品原型设计研究 [J]. 包装工程，2009，30（3）:134-136.

第5章　工作坊操作过程中的问题总结

5.1　我在工作坊中应做什么工作？

很多新参加工作坊的学员都会提出这个问题，我们举办的往届工作坊也会遇到很多类似的问题。解开这个疑惑的最好答案就是让参与过工作坊的学员来分享他们的经验。很多学员回顾起来都会发生这样一个感受，那就是：刚开始，我也不知道要干什么，跟着感觉走，工作坊结束后回忆起来，才知道自己拥有了一段难忘的经历，完成了一件事情。然后这些有经验的"老兵"就会与新学员分享他们进行工作坊过程中的一些难忘的经历。

比如说，为了调研一个饭店老板的日常，学员凌晨3点钟起来，观察饭店老板去哪里进货，什么时候开始加工食品等。在我们第一课堂上，似乎没有这种"好玩的"事情，因此，作为听众的学员会有很强的代入感：如果是我，我能为了一个课题研究起这么早吗？又比如说，在"看不见的城市"工作坊中，"旺财组"的同学在石牌村陪"旺财们"露宿街头了一夜。你能做到吗？

这些经验分享能有效引起学员们的好奇心，他们的疑惑会被好奇心取代，后面的时间就是他们努力探索的过程。

事实上，学员们会出现他自己都意想不到的状态，在工作坊的氛围中，学员们会邂逅"意想不到的自己"，这正是"工作坊"这种教学模式的魅力。

5.2　工作坊在社区工作的困难

目前为止，我们举办了三次工作坊，其中一次在城中村，两次在竹丝岗社区。工作坊的经验告诉我们，社区工作一开始就特别困难，因为无论在广州市天河区石牌村这样的"落脚社区"，还是竹丝岗那样的"熟人社区"，这里的居民和社区管理者有一个"自动防御系统"，对于他们来说，我们是社区的"入侵者"，所以，我们的工作是很难开展的，会被居民和社区管理者排斥和驱赶，调研工作一开始就遇到了困难。

台湾学者告诉我们，在台湾，社区营造工作一般是社区管理者邀请设计者来到社区，为社区优化公共空间。而大陆的情况不一样，社区管理者的社区公共空间的优化工作一般是自上而下的，由政府邀请设计公司对社区公共空间进行设计，因为设计周期很短，设计公司不会花太长时间进行调研，所以公共空间的优化设计项目实施以后，会出现较多不尽如人意的地方。

在 2017 年的"竹丝岗社区营造"工作坊中，有一组学员展开调研工作后发现，一座大厦的门前空地的花坛缺乏供行人休息的设施，便做了一个改造花坛边缘的"座椅"设计（如图 5-1）。学员们兴高采烈地回来画好设计图纸，并动手锯木头，做成一个花坛边缘的附加座椅，然而座椅刚加上去不久，就被物业管理的工作人员勒令撤掉。原因是他们担心行人在上面休息，如果发生摔倒或者砸伤情况，物业管理处将有连带责任。这个小组的营造计划就这样被停止了。

图 5-1　安装后被拆除的小板凳

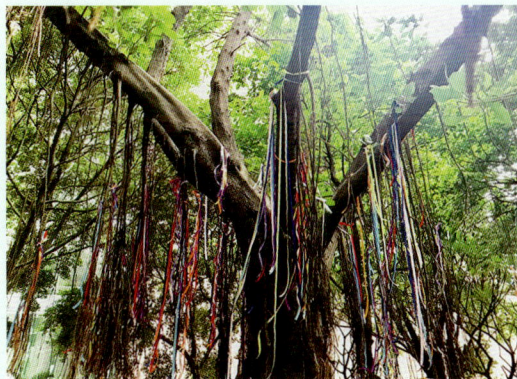

图 5-2　挂好的彩色缎带

2018 年的"竹丝岗公众参与"工作坊的一个小组发生更加特别的情况。这组学员经过研究调查社区一个小公园休息的半自理老人家，发现这个公园缺乏"色彩"，因为有了 2017 年与社区管理员打交道的经验，这次学员们充分考虑安全问题，没有增加设施，用了几天时间，在树上挂满了彩色缎带（如图 5-2）。老人家们看着本来单调的绿色的树冠变得多彩，露出了笑容。然而，这时候，园林局又出来阻止这个计划，理由还是安全问题。

5.3　每个组的选题都能有"成果"吗？

一个短期工作坊的结束，是一个学员作业的完成，但往往是工作坊影响社区的开始，在这个交流的过程，许多人与人之间的关系开始发生微妙的变化，这是隐藏的、不可量化的变化。

总的来说，社区营造工作坊的目的不是要构造一个构筑物，也不是让学员生产出一个具体的产品或作品，更准确地说，工作坊的目的不仅仅是让学员们构造一个构筑物，生产一个产品或一个作品，而是带领学员们探索社会、探索人与人之间的关系、探索设计介入的方法、探索人们的行为与心理学、探索一种了解使用者真正需求的方法。

学员该从书本走向现实，从校园走向社会，从"乌托邦"走向现实生活，从自我的意志走向公众的需求。

5.4　如何解释"工作坊的成果不能体现建筑的高大上"？

工作坊的目的和定位就是提升学员的综合素养，打开学员的思路，促进师生们跨学科、跨专业的交流与融合。建筑学专业必修课程教会学员如何规范地完成建筑工程制图，如何按部就班地完成一个建筑的平面设计、立面设计和外形设计，但是为什么要这样设计，专业课的课堂上给学员们的思考和训练空间是不足的。因此，工作坊的目的是让学员们弄清楚"为什么要这样设计？"，从而思考在未来"如何提升自己的设计？"。

这样的问题在工作坊中需要学员们自己寻找，答案也是需要自己去寻找。在工作坊中，学员们分组围绕工作坊的主题，通过小组调研和组内讨论以及与老师之间的讨论，确定他们要研究的课题。工作坊一般 2 周以内，因此，我们的课题不大，而且这些小课题往往是带浓厚"社会学"色彩的工业设计、工艺美术设计、城市公共空间设计，或者不能称之为设计的课题，或许我们应该称之为"没有图纸的设计"。

自驱力是人类学习的最好动力，在这里，我们利用工作坊开放和自由的氛围激活学生的求学兴趣和积极性，从而唤醒学生的创造力，而不是要学生在短期内进行集中训练，设计出一个"建筑设计作品"。

5.5　工作坊的创新设计思维如何与建筑学专业结合？

创新思维是具有普遍意义的，是每个人都需要的思维。缺乏创新思维，在每个领域中都难以突破。设计专业尤其如此，"创新思维""新思想""新技术""新时尚""新审美"等代表着前端、高端的词语都与建筑学专业有关。想象一下，如果要让这些词语都与我们设计的作品发生联系，只会画设计图是不够的。

工作坊中，我们引导学员们把他们的专长发挥出来，在这里，我们看到学员们的另一面。他们在轻松自由的氛围中放飞自我，他们可能是一个舞蹈爱好者、音乐爱好者、漫画故事高手、视频剪辑高手等，或者是一个能言善辩的"纵横家"、团队组织者、团队管理者、表演者、演说者、跟踪者、侦探……这些有什么用，与建筑学专业有什么关系？

这就首先要回答另一个问题：我们如何把设计思维和设计理念传达给大众？除了传统的图纸、PPT汇报、模型、视频等方式，在新时代，多元的表达方式往往更能给人深刻的印象，更能在群众中扩大影响力。

另外，具有创新设计思维的人更能挖掘深层次的信息，更能突破常规的设计理念，做出符合使用者需求的作品。蔡一凡同学获奖的作品"报刊亭"就很好地诠释了创新设计思维在建筑设计上的使用。

第6章 "看不见的城市" 工作坊

"即使在悲伤的莱萨城，

也有一根看不见的线把一个生命与另一个生命连接起来。"

"这座不幸的城市每时每刻都包含着一座快乐的城市，

而连她自己都不知道自己的存在。"

——卡尔维诺《看不见的城市》

6.1　旺财组

位于广州市天河区繁荣商业圈的石牌村，是广州市最大、历史最悠久的城中村。随着商业的繁荣发展，被高楼大厦包围着的石牌村在城市中显得格格不入。

WANGCAI GROUP

旺财组　石牌村

旺财组

杨卓熹　史得愉子　钱启恩

甘嘉良　李　彬　王曦浩　陈达明　欧颖乔

社会不断进步，环境逐渐变更，石牌村就这样跟随城市发展的步伐一天天改变，逐渐衍变为一个复杂的有机系统。

颠倒的日夜里，林立的楼宇间，忽明忽暗的街灯下，石牌村的流浪狗在其中不停游走。我们很好奇，它们眼中的城市究竟是何种姿态。

麦田中露出狗的忽隐忽现的脑袋，它们的眼睛紧闭着不敢睁开，否则麦芒会刺瞎它们的眼睛。它们倚仗着嗅觉保持正确的方向。

——莫言《丰乳肥臀》

石牌村全景

1:1　狗的空间策略

1:100　狗的时间博弈

1:10000　狗的路线

1:1　狗的空间策略

　　狗与人的生存需求有着明显的差异，而同时狗又与人类共享着同一个空间，两者息息相关。我们对石牌村内的狗进行 24 小时跟踪，总结出影响其使用空间的因素。

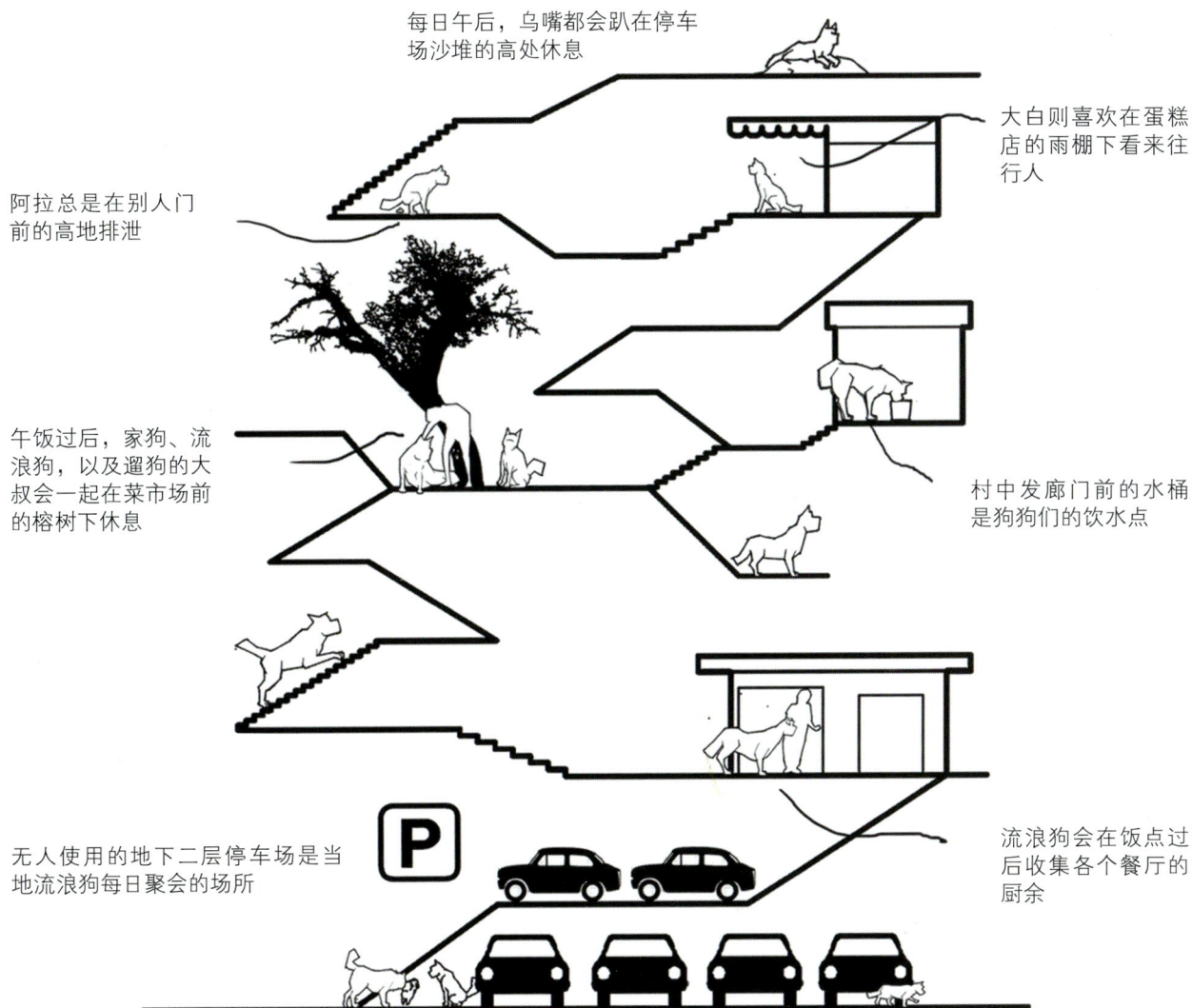

每日午后，乌嘴都会趴在停车场沙堆的高处休息

大白则喜欢在蛋糕店的雨棚下看来往行人

阿拉总是在别人门前的高地排泄

午饭过后，家狗、流浪狗，以及遛狗的大叔会一起在菜市场前的榕树下休息

村中发廊门前的水桶是狗狗们的饮水点

无人使用的地下二层停车场是当地流浪狗每日聚会的场所

流浪狗会在饭点过后收集各个餐厅的厨余

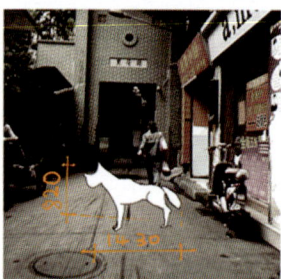

1:1　狗的空间策略

　　场地、街道、村落、城市。在同一尺度中，狗与人对同一空间的感观不同，由此导致其对空间的使用情况有所差异。

　　旺财组对狗所使用的空间展开研究，比较人与狗对同一空间的使用，从狗的角度分析石牌村及其周边的城市空间。

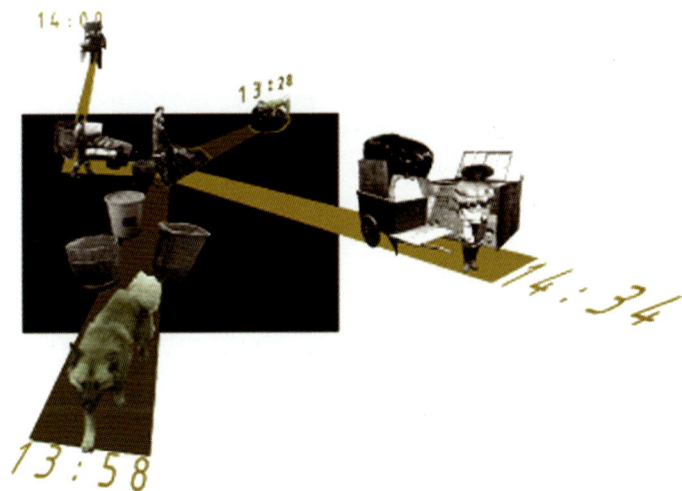

1:100 狗的时间博弈

1:1 狗的空间策略

转角

潮湿

幽暗

遮蔽

台阶

高地

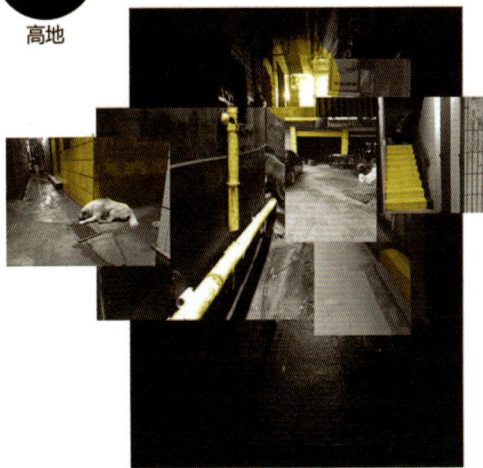

狗活动环境的空间因素

于城中村内生活的流浪狗而言，驱使其行动的最主要因素便是食物。我们在记录狗的生活路线与时间时，发现几个有趣的案例。

其一是阿拉每天午后会在固定的时间开始在村内居民区"巡逻"，并翻找沿途楼道口的垃圾袋。

同样地，我们的另一个研究对象乌嘴也做出了相似的行为：每日到饭点就在石牌村内的食街进行"巡逻"，并在餐馆前向食客讨要食物。

人类的饭点、丢弃饭盒的时间、午后清洁工回收垃圾的时间、餐厅处理厨余垃圾的时间……觅食的流浪狗似乎掌握了人类的一切规律。

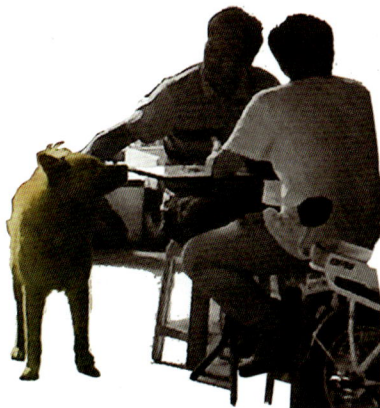

1：10000　狗的路线

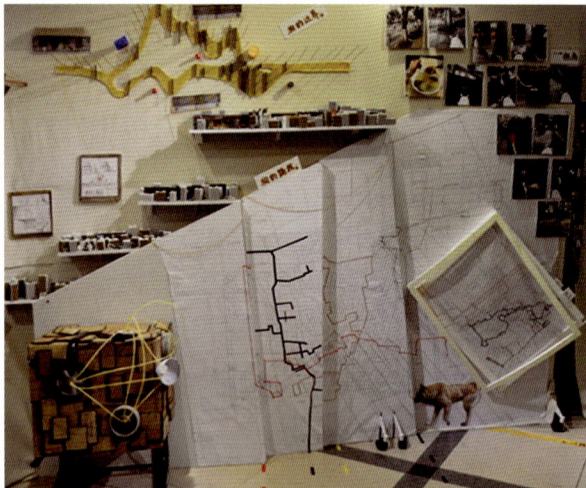

在狗的路线研究中，我们将所研究的狗依照其活动范围分为村内狗、边界狗、村外狗三种类别，不同活动范围的狗会有不同的活动模式。我们将狗的活动路线汇总记录在图纸上后，结合场地环境进行分析，并提出狗对路线选择的假设，由此得出 1：10000 尺度上城市中的隐形边界：村边界、板车边界、猪脚饭餐厅边界，以及村内氏族边界。

板车边界

在跟踪调查中我们发现狗这一生物对于板车路过时发出的高频噪音十分敏感，且跟踪全程未见任何石牌村特色板车群体。由此我们推断石牌村中的狗能辨识到板车的活动范围并且避开，这一点在对照狗的活动路线与板车活动路线两张线路图后得到了验证。

石牌村内外标记频率及距离

狗用气味标记作为其领地辨识系统，标记频率越高表示该处不安全的气味越多。以石牌村内的狗为研究对象，通过观察其标记频率的变化，可以得出对于狗而言石牌村的安全范围及其确定边界。同时，在调查中我们意外地发现，狗在村内的活动线路与村内潘氏氏族的领地边界重合，可见村内氏族的活动范围对狗的路线选择也有一定的影响。

狗的活动路线

石牌村内的猪脚饭餐厅

石牌村内分布着大量的猪脚饭餐厅，这些餐厅是石牌村内流浪狗的主要食物来源，研究流浪狗的觅食路线，便能得出村内餐厅的分布以及村内饮食功能区与生活功能区的使用边界。

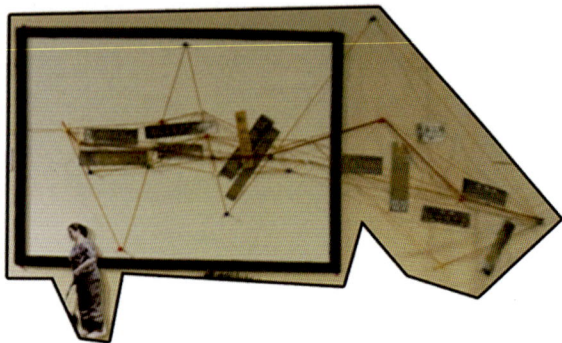

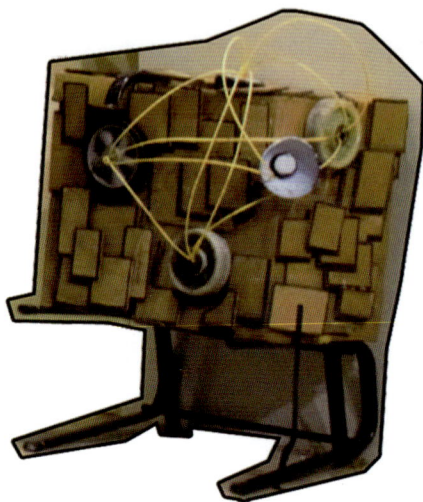

猪脚饭餐厅

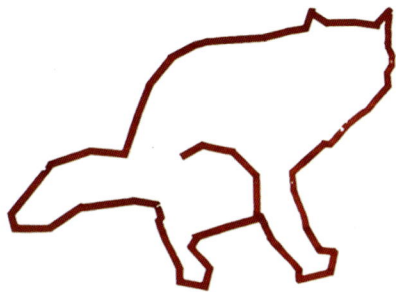

小组感悟

杨卓熹

研究与设计的乐趣在于，选择一个异想天开的视角，便能看见一个意想不到的城市。

史得愉子

参加这次工作坊收获良多。通过调研学习，将自己置身于实际的情况与场景之中，不仅习得了与不同的人交流的技巧，也明白了自下而上看问题的方式和角度。相信这次在工作坊中获得的宝贵经验在日后也会给自己带来帮助。

钱启恩

这个工作坊让我学到了很多，对细节的观察，对狗的行为的追踪记录、分析和研究等。希望城市设计者对城市的细节给予更多关注，因为是许许多多的细节构成了我们的城市。

甘嘉良

这工作坊令我感到无比自豪，因为参加了工作坊才认识了一些新的学习方法。工作坊让我无比受益！

李　彬

通过这次工作坊，我认识到了很多身边潜藏的智慧，哪怕是一只狗，它们也有很多合理利用空间的技能，它们也是设计师，它们身上的一些智慧，值得我们学习。我们的生活就是由这些点滴组成的，抓住这些，相信对我们以后做的设计会大有裨益。

王曦浩

这次工作坊我感触良多，学到东西，也玩得很开心，可以说是劳逸结合。

陈达明

不同地方，不同城市，要深入其中，才能看见别人看不见的。

欧颖乔

看不到不等于不存在，听不到不代表没需求，设计本身就是不断加入意想不到的细节，深入共感，耐心观察，如此搭配才让设计变得特别和有人情味。此次工作坊的意义亦甚是纯粹，就是保有做设计的初心，脚步慢一点，看到的风景也会不一样，这十分难得。

6.2 天后古庙组

天后古庙组

庄　洋　劳家杰　杜姗姗　李家俊

许斯琳　莫庆珊　吴事泰

看得见的事实
看不见的联系
还是看不见的事实
看得见的联系

　　为了能够准确把握我们想要得到的信息，我们采用观察法，在天后古庙的附近蹲点观察；同时运用访谈法和跟踪法了解更多真实的信息。

天后古庙概况

　　天后古庙是面宽 3 米、进深 1.2 米、高 3 米的一座小建筑，庙里供奉的是天后。我们查阅《石牌村志》得知，当初一场暴风雨把一座天后雕塑冲到了石牌村的凤凰里牌坊下，当地村民认为这是天意，便建庙把天后供奉起来，为出海的渔民祈祷，保佑他们能够平安归来。

天后古庙的周边

　　天后古庙位于一个"T"字路口的交会处，在两边的转角处是一间商店和一间香店。在中间的道路不远处就是一间祠堂，村里端午节用的龙舟就储存在里面。香店经营者是一位本地中年妇女，她会定时清理人们烧纸和烧香留下的灰烬，所以很多来烧香的人在烧完香后都会给老板娘钱；商店的经营者是一位外地中年妇女。

调研笔记

在石牌村朝阳大街上有一座小小的天后古庙，这里熙熙攘攘，人来人往，热闹非凡。每当农历初一，这个地方就会热闹起来。祭拜的信徒与路过的路人，每一个交集都有故事。

而这座小小的天后古庙给石牌村社区居民带来了什么呢？

一缕青烟，一座神像，一行人
将这全部，形成无形的语言
描绘着你来我往的瞬间
虔诚的人与无关的人
时间一天天，一年年，一世世
在此
一遍又一遍
解开一个个生活的绳结
记录一幕幕感人的故事
上演一出出人生的戏剧
再遥远，再纠结，再想念
这里还是这里，你还是你，我还是我
这里是天后庙

空间策略

在研究空间策略时，我们利用分解法将天后古庙构件、物品和周边服务设施进行拆分，研究与之相关的活动和关系，考虑了 1 : 1、1 : 100、1 : 1000 三个尺寸，将其分为内部、外部与位置三大部分。

内部（1 : 1）

内部分为物品与布局两部分。

物品：香油灯、香篮、功德箱、打火机、香灰、壁画、神像、祭品。

布局：香坛、炉火、台阶、栏杆、雨棚、烟囱。

分解之后，我们用定点观察法等方法找出每件物品的隐藏关系。

香坛、炉火、台阶是信徒进行祭拜活动和占用空间的工具。烟囱与行人相关，信徒烧香、元宝等产生的烟，使得行人避行，给信徒创造出更大的活动空间。栏杆、雨棚、功德箱与三骏集团相关，栏杆、雨棚是后来三骏集团加建的，功德箱由三骏集团管理。三骏集团委托香店老板娘打理天后古庙，并从功德钱中分出一部分给香店老板娘作为管理费。天后古庙把三骏集团和香店联系起来。

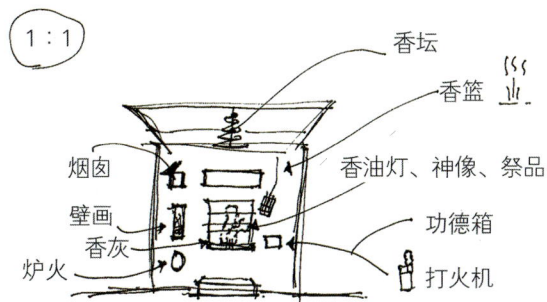

外部（1 : 100）

分为人的活动和支持设施两部分。

人的活动：清扫、祭拜、逗留、聊天、行走、骑车等。

支持设施：公告栏、消防栓、街灯、桌子、跪垫、打火机等。

以上的活动及设施引发之后的隐形功能和空间博弈。

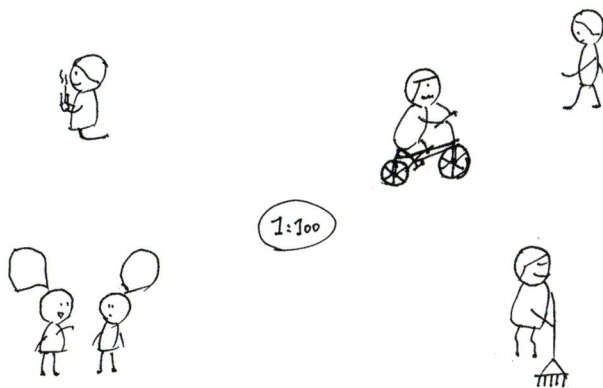

位置（1 : 1000）

我们可从石牌村地图得知天后古庙所处的位置，通过实地考察知道它和周边建筑的关系，通过查阅典故和《石牌村志》，我们得知姓氏迁徙、石牌村姓氏分布范围和天后古庙的关系。

定点拍摄

通过定点定时拍摄，对天后古庙经过的人群变化进行分析，每 10 分钟拍一张照片，发现这里的人员交流频率很高。

◎ 10：00 —10：30

◎ 10：30 —11：00

◎ 11：30 —12：00

◎ 12：00 —12：30

◎ 12：30 —13：00

◎ 13：00 —13：30

◎ 13：30 —14：00

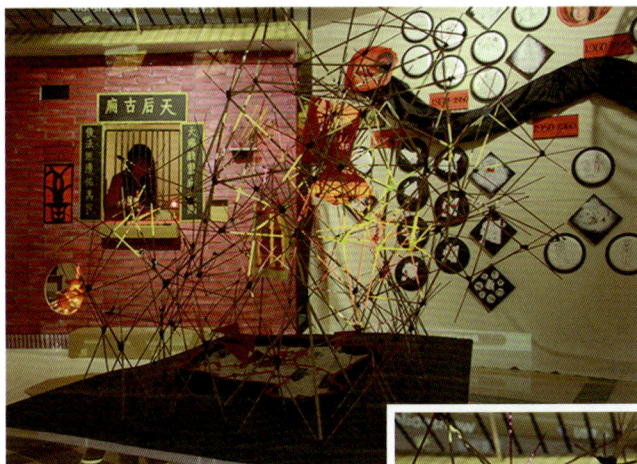

用香制作概念模型

天后古庙位处繁华热闹的十字交叉路口，这里每天上演着各种各样人群的有趣活动：信徒与行人、车流与古庙互相争夺着自己的最佳生存之地。它为什么能在一个繁华的路段占有一席之地，成为石牌村的一个标志，它的历史与周边居民的故事引起了学员们的兴趣。学员们以这座庙为切入点，用一个月的时间对这个城中村进行调研。

庙，世间达圣贤位逝者，可依律建庙。天后古庙，供奉的是天后，天后还有另一个名字叫作妈祖。

妈祖，是以中国东南沿海为中心的海神信仰。相传这一信仰是由真人真事演变而来的。妈祖原名林默，人称林默娘。她能言人间祸福，济困扶危，治病消灾，最为神通的是，她能预言海灾海难，无数次救下了渔民的性命。

石牌村祭拜的是"天后"，也与石牌村的历史有关。

据考察，妈祖于清代才被皇帝封为"天后"，因此据"天后"这个名称可猜测，该庙可能于清代建成。有这样一段故事：据传清代早期，一次洪水，有一妈祖像随涨潮的河水漂至石牌村东边凤凰里闸门外的河涌上，村民见到后将其捞起，认为上天有意送神像庇护村民，遂建庙安放。这也就印证了对于天后古庙历史的猜想。

天后古庙的位置与模型

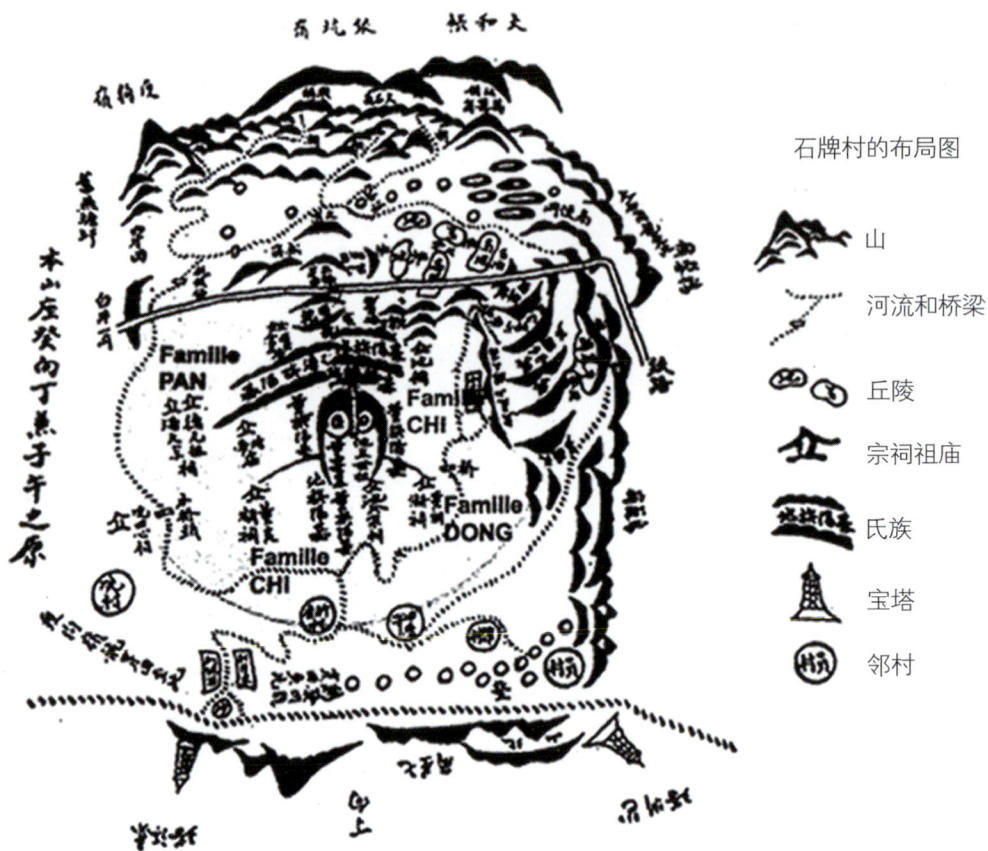

石牌村的布局图

山	
河流和桥梁	
丘陵	
宗祠祖庙	
氏族	
宝塔	
邻村	

来自《石牌村志》

天后古庙所处位置窄小但十分热闹，每天很多人车在此经过。信徒的朝拜会使路口堵塞，来往的车与行人也会打扰朝拜者。原本村委会打算将古庙迁至良马厅内，但是，据《石牌村志》记录，在"文化大革命"时，该庙受到了严重的毁坏，之后依然选择在原地修建此庙，从未迁移过；另一个原因是信仰之间的地位问题。

良马厅现又更名为叫瑞藻书塾，家塾里除了祭拜祖先，还祭拜着"龙神"。龙也分种类，其中便有掌管海事的龙。瑞藻书塾（池氏堂）的所处地势较天后古庙略高，且因龙的地位较妈祖高，决定了天后古庙不能迁址到瑞藻书塾内。

纸皮制作天后古庙位置模型

"看"得见的空间策略

（1）庙与香店的关系。

香店老板娘接替当地的一个老婆婆，负责管理天后庙。人们在烧香祈祷后，会把香钱以外的一些香火钱给老板娘或者是塞进功德箱里，从而使庙得以正常经营。

（2）庙与商店的关系。

关于庙与商店的关系，要从商店的平面图说起。由平面图可以看出，商店呈现"L"字型。当有人在庙前祭拜的时候，祭拜者会阻碍其他人的通行，这个时候受阻人可以通过侧门进入商店，然后在主门口出去，这样就可以通过这个被祭拜者阻挡的路口了。行人在通过商店的过程中，产生购买商品的可能性，从而提高商店的人流量。

（3）庙与人的关系。

快递员会打电话让人到在天后古庙附近的一个公告栏边上取快递，这样一来，天后古庙相当于一个标志性地点，因为大家都知道这个地方，所以快递员、外卖员都会选择在这个地方进行递交，完成交易。

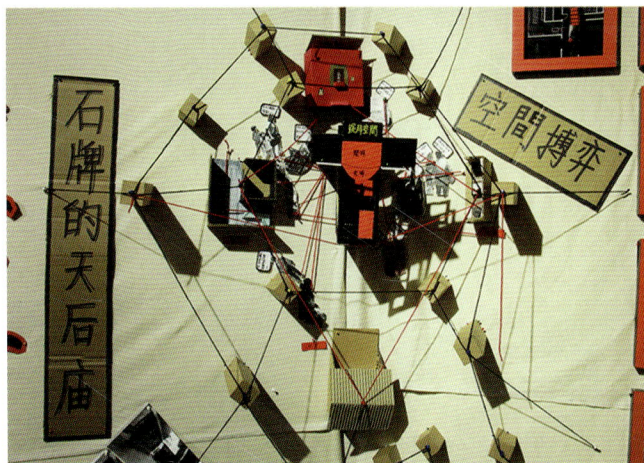

祭拜的人会直接在路口交界处跪下，然后进行祭拜活动，包括烧香纸、烧香，祭拜和祈祷等。行人一般都会选择拐个弯过去，并不会发脾气或者是嫌弃这种行为。在这里居住的人大多数都尊重祭拜行为，不会因为天后古庙的祭拜行为对路口产生阻碍而引起纠纷。

天后古庙及其周围可以休憩聊天，可以作为儿童场所，同时还有租房服务、快递服务、咨询服务、停车服务。

急形的社区服务

隐形的社区功能

香店：天后古庙已不仅供人祭拜，还衍生出不少服务居民和社区的功能，旁边的商店和香店依赖着古庙而生存。香店由一位五十多岁的妇女经营，她每天早上8点前清扫古庙和香店，8点准时开门，晚上关门时间不定，大都在10点半左右。香店给祭拜者提供摆放祭品用的桌子和跪拜用的跪垫等。这些服务给居民和祭拜者提供了便利，除了固定的客源外，还可能因为这些服务带来了潜在的客源。商店的开门时间和香店差不多，但关门时间较香店要更晚。通过香店老板娘我们知道，庙是由三骏集团来管理的，三骏集团帮忙打理。由于香店这种经营的特殊性，使得香店不仅仅是一个香店这么简单，更像是这附近居民的一个服务站。

服务站：我们观察到香店提供的隐性服务有：寄托孩童，租房及签合同，寄存，休憩，咨询，（帮附近居民）晒衣服，出借厕所等。这给天后庙和街道带来了活力，人们来这里进行祭拜、交流，并在这个空间停驻。

地标：除了香店提供的隐性服务外，天后古庙也作为一个地标存在。石牌村里弯弯曲曲的道路实在让人容易迷路，要跟他人说明位置的时候也难以解释清楚。天后古庙给我们提供了一个地标参考或指路的作用。

安全空间：天后古庙提供了一个相对的安全空间。宗教信仰在我们生活中无处不在，宗教信仰对人的行为产生深远的影响。香店老板娘午休时间会坐在椅子上，背对着店门口，不担心会有小偷，很少小偷会对古庙下手；在距离天后古庙不远处（大概3米距离）的公告栏下有一个非正规的停放自行车的空间，经常有小车停留在此，而在距离天后古庙不到10米的划定停车位却鲜有人停，更靠近天后古庙似乎让人觉得更安全。

信息交流站：我们观察到在石牌村的每个出入口都布置了一块租房公告栏，出入口是人流量较大的地方，也方便外来人员查看租房消息。天后古庙所处位置并不在出入口附近，但也在其附近距离不到3米的地方布置了一块租房公告栏，说明天后古庙附近人流量大，在此布置租房公告栏方便人们浏览消息，同时，也使人们在这个空间停驻更长的时间，给人们创造更多的机会交流信息或去触发有趣的活动和行为。

小组感悟

通过探究小小的天后古庙，让我们学习到对其建筑的运转需要有什么服务设施去支撑。建筑社区需要做活的，人们真正需要的，有情怀情感的设施。我们作为建筑师，不单单是一个设计师，还是一名发现者，只有发现其故事、其文化、其情怀，才能设计好的建筑。

一次刻骨铭心的记忆、一次全心全意地付出。用真诚之心去发现小小的尺度，大大的故事。感谢我的老师、团队同学以及师弟师妹们的帮助。

——庄　洋

天后古庙的存在不仅仅满足人们的信仰，同时也在丰富着当地群众的生活。发现的旅途无终点，还有很多有待我们好好发现。

——劳家杰

城中村在许多外人看来是被城市舍弃的一块乌黑之地，当我真正融入其中后，才发现这一条漆黑狭窄的通道里有着无数个顽强的生命力在向上争取着、认真努力地活着、温暖地微笑着。这里缺少阳光，但充满希望。

——杜姗姗

Mapping 工作坊，以锄头般锋利的感官发掘深厚的文化根基，以流水般的姿态渗透纵横交错的城市脉络，以春雨般细腻的心思延续社区情怀。

——李家俊

如果不带着思考看待事物，就什么都看不见。我也许并没有做得很好，但我确信我开始一点点理解未知的事了，即使现在说不出来，在未来也一定会影响我。

——许斯琳

看似不起眼的天后古庙，却联系着石牌村上下历史，陪伴石牌居民生活。隐蔽于兜弯转角的石牌巷道，有关她的故事，满到溢出来。我们用蠕虫角度观察，用耳倾听天后古庙诉说故事，用心感受：看不见的石牌村，看不见的城市。

——莫庆珊

身边不起眼的小事物，背后也有着不为人知的历史，两件看似无关的东西，也有着千丝万缕的联系。仿佛一张张大网，罩住这个社会。看得见的是现实，看不见的是历史。本着抽丝剥茧的态度，我们可以看见更多事物的本质。

——吴事泰

6.3　竹梯组

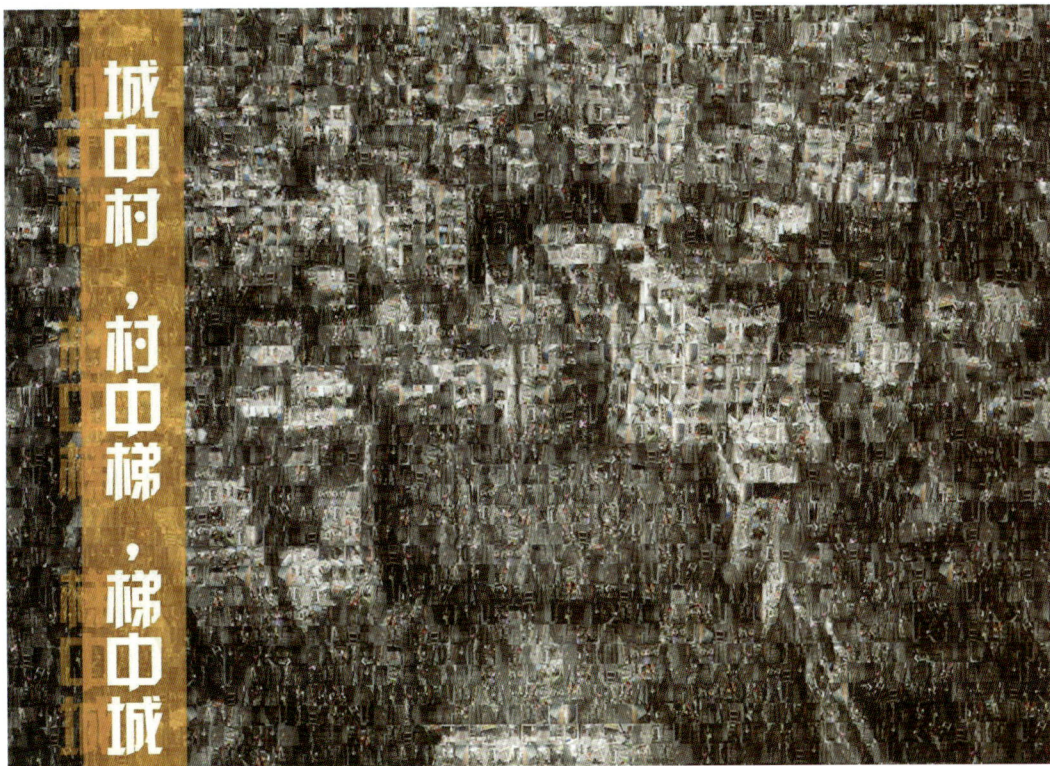

城中村，村中梯，梯中城

初进石牌村，我们就被随处可见的三线整治工人和梯子吸引住了。

在时代已经发展到铝合金梯、折叠梯进入百姓家的时候，这样一把看起来笨重、不便的梯子却在这里得到了青睐。它看上去明明和密集生长的钢筋混凝土楼房所留下的窄巷格格不入，连搬运都变得异常困难，可是却又如同在此扎根似的，植入了整个石牌村的生活。

为什么会这样频繁地被使用？

又该怎样去适应这个大环境？

带着所有的疑问，我们穿街走巷去"追踪"这些梯子，开始了这场石牌村的冒险之旅。

竹梯组

李晓彤　李耀星　赖妘蒨　蔡　宁　王　晶　陈磊明　吴　悠　邱东琦

从梯子开始追本溯源

通过对竹梯在不同尺度的各方面研究，追根溯源，深入了解竹梯与石牌村居民、街道、空间乃至整个城市的关联，体会来自人群中的民间智慧，尝试了一次真正自下而上的城市调研。

竹子的生长过程

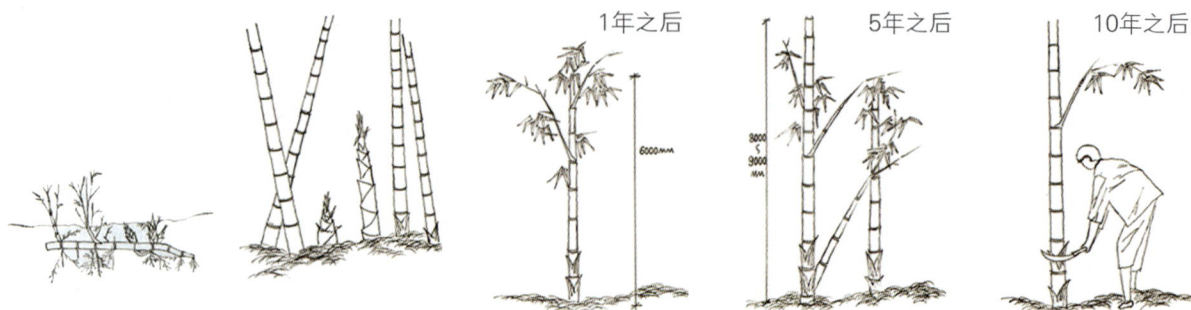

1年之后　　　5年之后　　　10年之后

6000mm

8000～9000mm

广西·竹林

梯子的单阶

梯子阶数从 7 到 21 呈单数增长，有两个方面的解释：一方面是指阴阳学说上的单数为阳，即为吉祥，意指前进；另一方面是符合人体工程学的需求。同古代宫殿前的台阶阶数取单数原理相似。

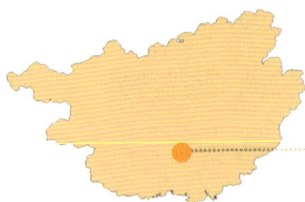

竹子的各部分去向

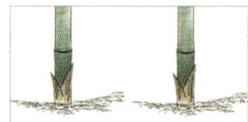

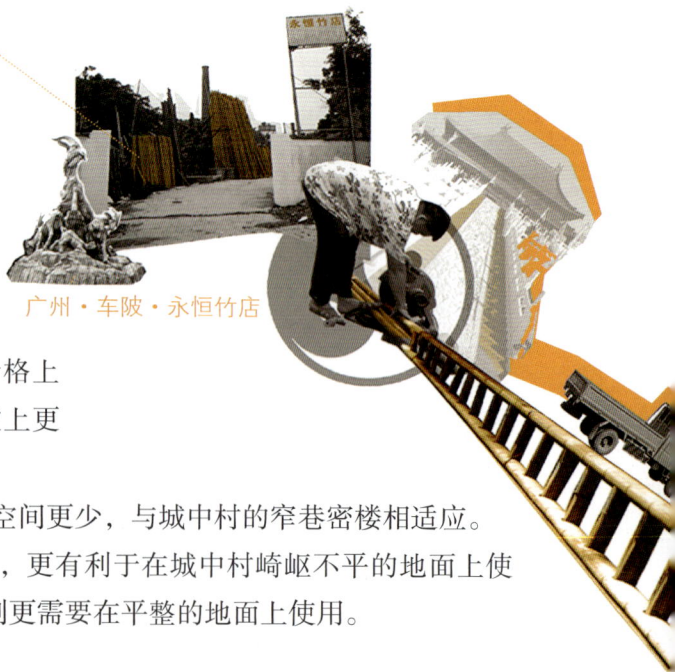

6000
7000

广州·车陂·永恒竹店

为什么选择竹梯？

除去重量、长度、承重、价格上的优势之外，竹梯在使用、存放上更适合城中村的环境。

一方面，竹梯存放所占用的空间更少，与城中村的窄巷密楼相适应。

另一方面，竹梯作为单向梯，更有利于在城中村崎岖不平的地面上使用，而双向"A"字的铝合金梯则更需要在平整的地面上使用。

竹梯与铝梯的对比

8.3kg　6.3kg　150kg　200kg　150kg　750

梯子在石牌村中的使用方式

摆放方式

摆放方式，即竹梯的工作状态。竹梯的摆放方式亦分为室内外两种状态。

室内有竖搭在墙上，搭于二层楼板上的摆放方式；室外则有架在墙、电线杆以及墙角上的不同摆放方式。

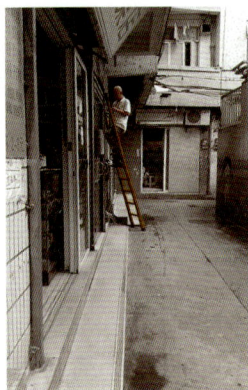

石牌村内的店铺多使用竹梯进行室内垂直空间的联通。

室外竹梯多用于三线整治及安装网线等相关工作。

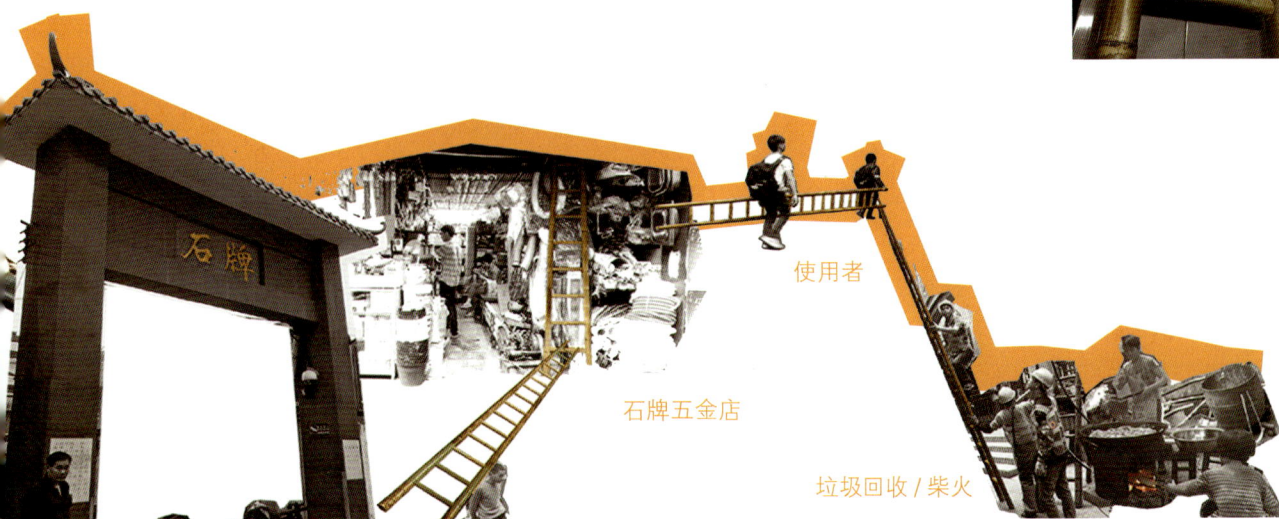

使用者

石牌五金店

垃圾回收 / 柴火

从梯子开始：级数，高度与价格

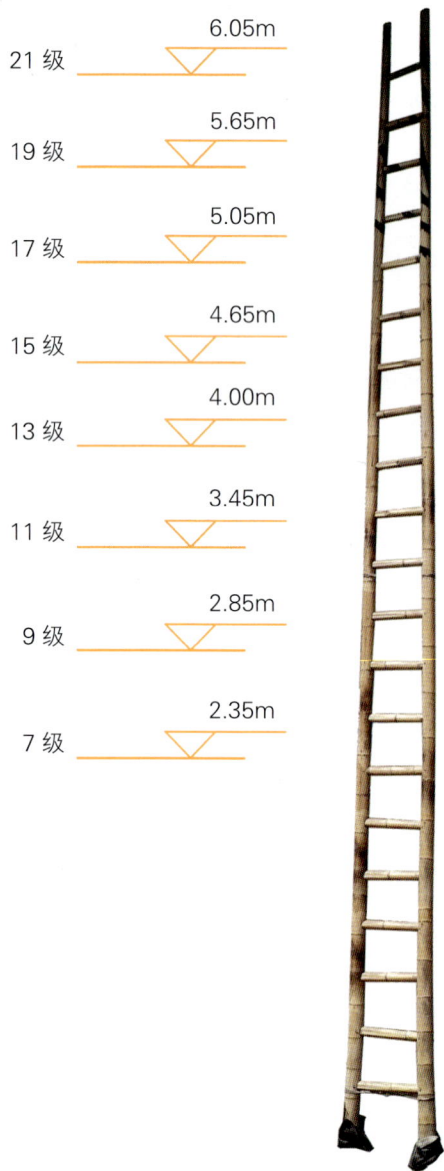

21 级　　6.05m

19 级　　5.65m

17 级　　5.05m

15 级　　4.65m

13 级　　4.00m

11 级　　3.45m

9 级　　2.85m

7 级　　2.35m

室外最常用：13 级

1：1 到 1：10

室内最常用：9 级

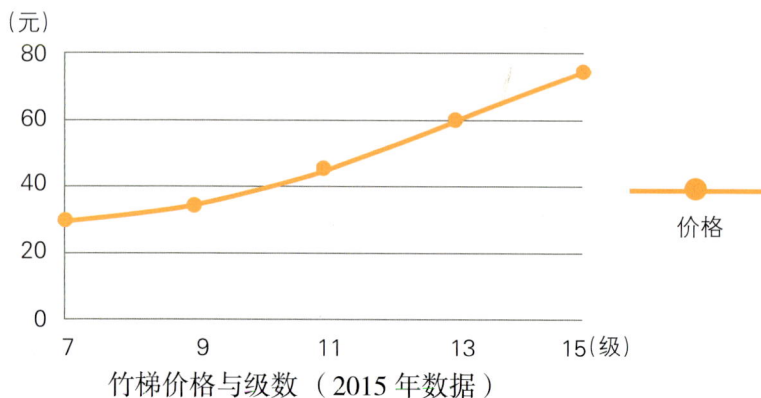

3600mm

2700mm

（元）

价格

竹梯价格与级数（2015 年数据）

竹梯级数越多，高度越高，所需的竹竿长度也就越长，耗材越多，烤制烘干加工等工序的耗时也就更长，这些都在一定程度上增加了竹梯的成本，导致级数与价格呈正相关的曲线关系。

手拿

采用手拿的方式搬运

梯子较长时，选择两人搬运

夹

夹在腋下搬运

手挪

距离较近时，采用手挪的方式

手挽

肩扛

搬运方式

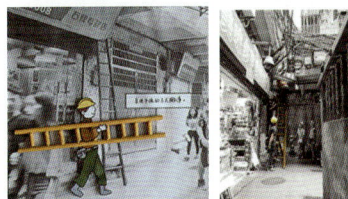

经观察得出，人们搬运竹梯的方式有如下几种：

（1）采用手拿的方式搬运。

（梯子较长时，选择两人搬运。）

（2）夹在腋下搬运。

（3）距离较近时，采用手挪的方式搬运。

（4）采用手挽的方式搬运。

（5）采用肩扛的方式搬运。

存放方式

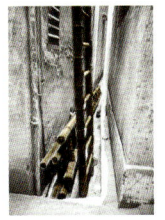

存放方式，即竹梯于闲置状态下的放置方式。

竹梯的存放方式分为室内外两种。

室内可选择竖搭在墙上，搭于二层楼板上，斜挂在墙上，平放于二层楼板上等；而室外则有竖放、斜放、横斜放、横平放四种情况。

在一位卖糖水的小商贩旁，我们靠墙放置了竹梯。小商贩渐渐打起瞌睡，起初靠着墙，当确认长时间没人拿走竹梯后，他把竹梯稍稍拉近身边，伏在竹梯上睡着了。

此时的竹梯，与石凳一同构成了休息空间，为劳累的小商贩提供临时的港湾。

竹梯横放在空地上，成为孩子们的游乐场，可以跳格子，可以作为平衡木，孩子们玩得不亦乐乎。

傍晚，牌坊，市场口。

我们占用了一部分交通空间，将竹梯架在人来人往的牌坊下。一位店主走到竹梯背面，与熟人攀谈起来，后来索性借竹梯搭手，好不惬意。在此，竹梯为店主避免了人流车流的干扰，隔断出一个交流场所。

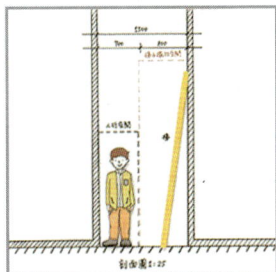

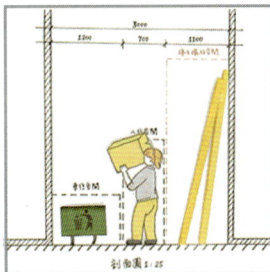

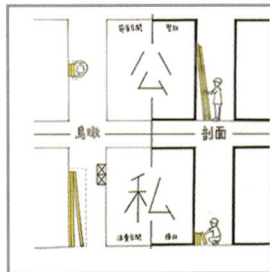

从 1:10000 的城市尺度重新回到 1:100 的城中村尺度，我们对竹梯的摆放、搬运和存放方式进行了统计归类，并着重研究了室外存放方式与街道的关系。像移动、电信营业厅需存放的大量竹梯，一般会存放在其营业厅附近的小巷口。一条窄小的公共巷道要放置大量的竹梯且不影响正常通行，其存放方式很有讲究。经过观察我们发现，在需要占据公共巷道的情况下，营业厅会选择将梯子竖向斜靠在墙边，而非采用横放。探其原因，我们找到了如下解释。

上图做了一个简易的平面放置图解。可以看到，横向放置时竹梯只能向街道宽度方向增加面积，当数量渐多时则相对压缩了行人的通行宽度。而竖向放置时竹梯不仅可以向街道宽度方向扩展，还可以沿着街道长度方向放置，这样则将对街道通行的影响降到了最低。并且我们知道，竹梯在竖向放置时有其一定的安全角度，角度一定，梯子长度越长，占用的地面面积则越多，因此营业厅一般会将最长的梯子横向摆放，以减少其占用的街道宽度。为此，我们已经达到了 1:10 的街道尺度范围上的mapping（调研）。

最后，可以从中得知：竹梯的各类型使用方式都是与其所处环境空间——石牌村紧密相关的，其中包括梯长、层高、人流、街宽、空间类型及其建筑性质等客观因素。

空间营造

我们已经见过石牌村中的很多竹梯，从临街店主到通信技术人员，从爬高取货到修剪电缆，迄今所见，无一不是围绕着竹梯的初始功能——登高。直至一日，我们见到了这样的一幕（如下图所示）。

原来竹梯还有这样的用处！

受此启发，在导师的指引下，我们开始对竹梯的功能进行新的思考：一直以来，竹梯起的作用都是联结两个空间；那么，假若竹梯可以改变空间，甚至自身构成空间呢？

要探究竹梯可能的创新用途，最好的方法就是进行实验：利用竹梯干涉原有空间。我们通过暂借和购买得到不同尺寸的竹梯，前往石牌村各处，以不同的形式放置竹梯，观察并记录居民围绕竹梯进行的活动。

坐在竹梯上的居民，竹梯成为凳子，创造出休息空间

用竹梯来挂东西的店家，竹梯成为置物架，创造出存放空间

扶着竹梯下台阶的老人家，竹梯成为扶手，改造了交通空间

竹梯的角度与活动

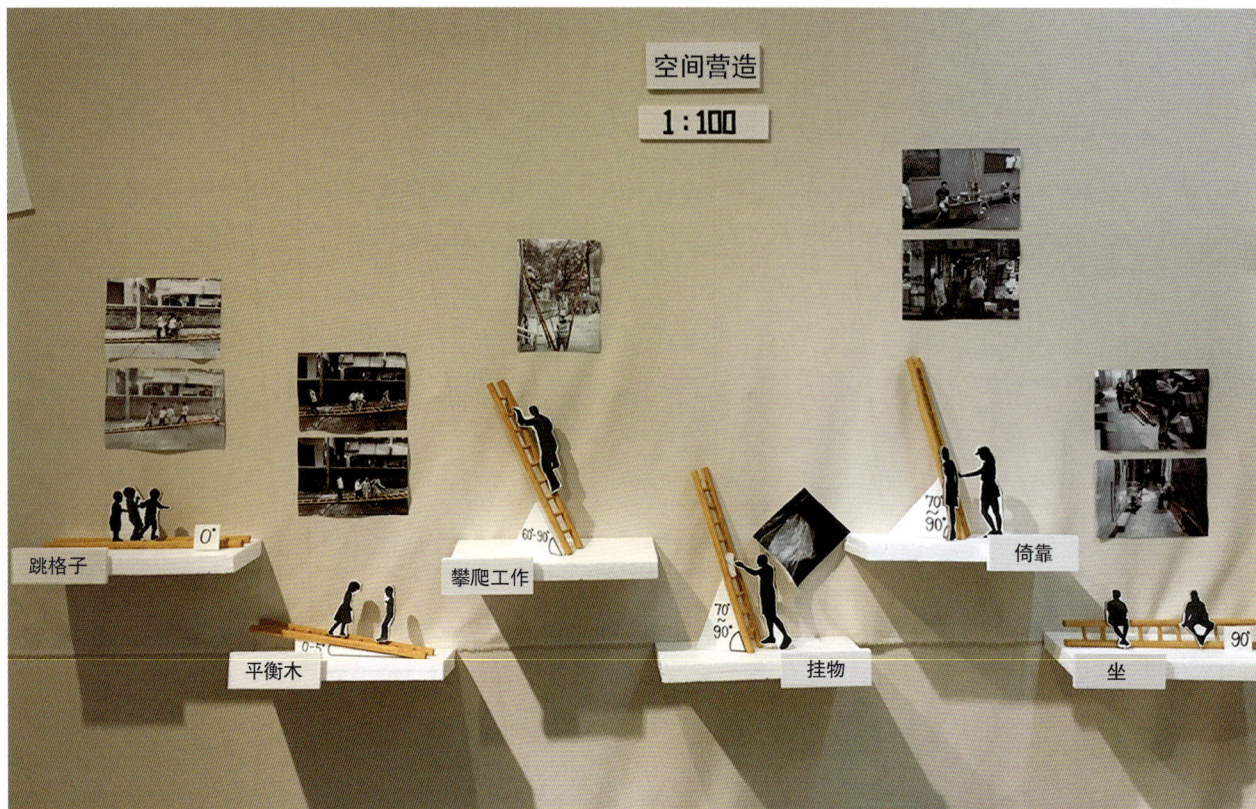

摆放角度	0°	0° ~ 5°	60° ~ 90°	70° ~ 90°	70° ~ 90°	90°
可能的活动	跳格子	平衡木	攀爬工作	挂物	倚靠	坐

一点思考

利用竹梯干涉空间，进而改变空间乃至构成空间，我们称之为"空间营造"。在导师的指引下，组员在一周内协力合作进行了多次实验，探索到了诸多竹梯看不见的一面（如上图所示）。一架朴实的竹梯，可以在不同的场所，以不同的摆放方式实现不一样的功能，这正是空间营造的魅力；而发现这一切，需要有深入的思考和别样的视角。

在城中村这类空间狭小、居民组成复杂、公共设施不完善的地方，更需要以人为尺度的空间营造，不分身份地位，为每一位居民营造最切合需求的空间，通过简单的摆放满足居民极大的需求，激活原本没有功能的小空间。类似的空间营造在石牌村中还有很多有待发掘，而通过竹梯这样简单的物品进行有意识的空间营造，乃至在细微方面积累了足够多变化，从而升格为社区营造，这样从细微处展开设计提升生活品质的能力，值得我们进行更深入的探索与学习。

石牌村的竹梯

在广州最大的城中村——石牌村，竹梯随处可见。商铺店主将它放置在店内，用以连接上下夹层与地面空间；三线整治的工人扛着长长的梯子串街走巷，在两米不到的巷道里也行动自如。

同样一把竹梯，在不同时间不同场所，通过不同人群不同的摆放方式，延伸出各种不同的活动形式。同时，它不再是一把简单的竹梯，它适应了石牌村的空间形态，也为这个村子创造了更多我们不曾了解的空间。竹梯在很久以前便进入这个村子，在这里生根，也在这里生长。我们从这把竹梯开始，尝试寻找和发现隐藏在竹梯背后的故事——一个"看不见"的石牌村。

小组感悟

李晓彤
继续寻找和理解爱与设计。

李耀星
于看不见中去发现！

赖妘蒨
进入，观察，接触，参与，发现，理解，才懂。

蔡 宁
最大的谎言是你不行。

王 晶
出发了……

陈磊明
只是想留下点什么，建立点什么，顺便得到点什么。

吴 悠
城中的村，村中的梯。梯中的城中村与城，一个看不见的城市。

邱东琦
这不是一个人类居所，而是一个具有与之相当的悠久和丰富历史的精神产物。

6.4 声音组

声音的起源

声音组

何嘉颖　张梓乐　邹晓璇　严晞彤　管皓辉　罗　飞　周　健　王立珺

悠长的粤剧腔调和嘈杂的板车声响

像是来自历史和开往未来的争吵

被这样一个念头深深攫住

在塑造生活的声音里

我们试图听见一个最真实的石牌村

描绘出属于石牌的声音地图

聆听和刻画间　偶遇越多　发现渐深

那些被遗忘在岁月里　漠视在角落里的声音

都是既热烈又鲜活的印记

驻足　倾耳　闭眼

那个村庄 从未走远

石牌村的声音分贝地图

我们根据测量出的石牌村各个巷道里的声音分贝，制作了这样一个代表着分贝高低的柱状模型，可以发现分贝柱特别高的区域正是石牌村中的主干道和重要的活动空间所在。

在这次工作坊中，我们小组选择了石牌村中的声音作为研究对象，在"看不见的城市"中，我们选择用听觉去描绘石牌村。移动的吆喝声、嘈杂的板车声、悠长的粤剧声和庙里的敲钟声……因为声音都有着传播的范围，这些范围形成了声音的边界。在狭窄的石牌村中，声音是一种扩充边界的手段和争夺空间的策略，也是当地居民才懂得的闹钟，每种声音告诉他们这个时间点应该做些什么。从百年前的村落到如今充满活力的石牌村，声音见证着时间的流逝和城市的发展。我们试图从不同尺度去聆听这边土地上的声音，听出一个最真实的石牌村。

我们的策略： 当我们听到声音时，都是从它的物理属性去考虑，比如声音的分贝和频率，但这次在导师的启发下，我们分别在不同的空间尺度上通过声音收获了更多的信息。

导师在开始的阶段，让我们在三天的时间内

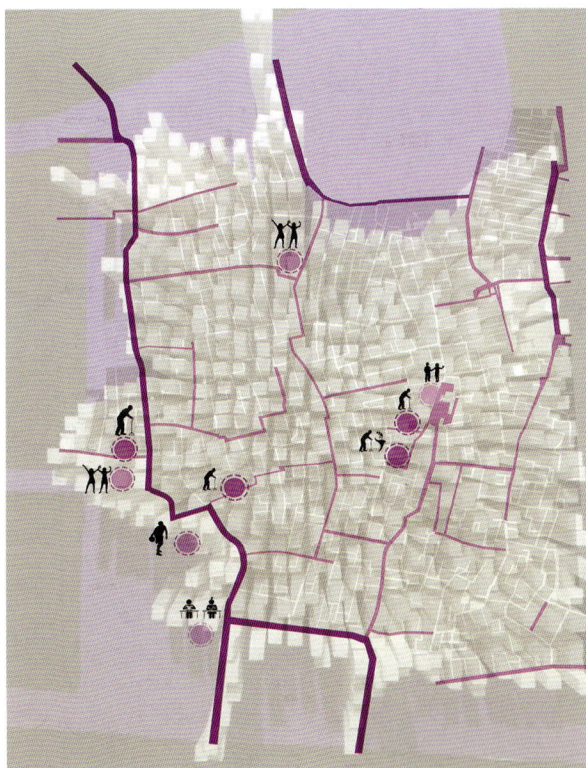

对场地进行调研，从1：1（小尺度）、1：100（中尺度）、1：1000（大尺度）三个不同尺度发现场地和周边环境、和城市的关系。

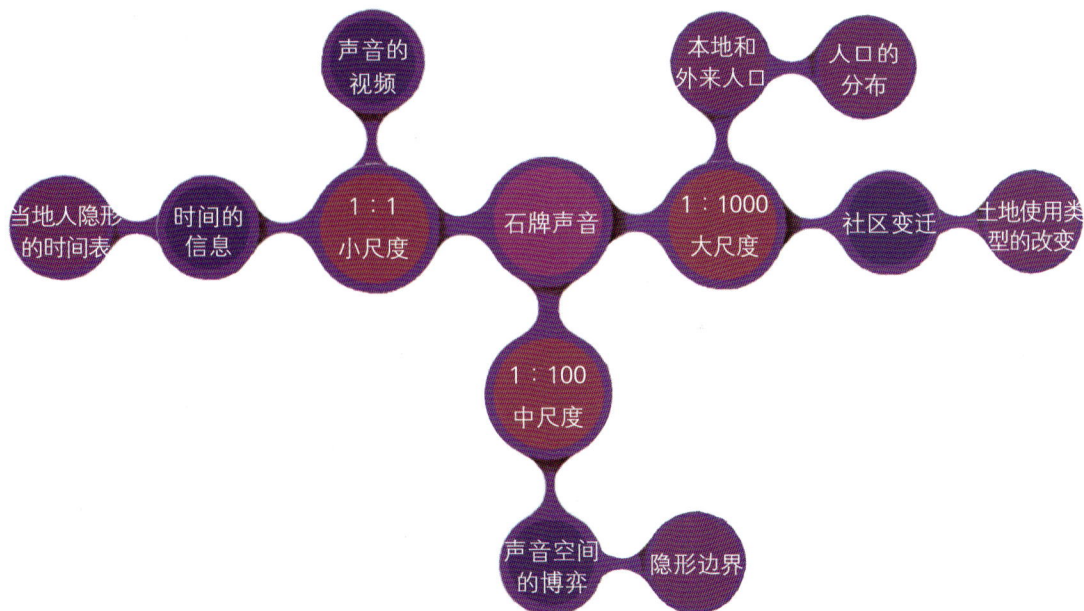

隐形的时间信息

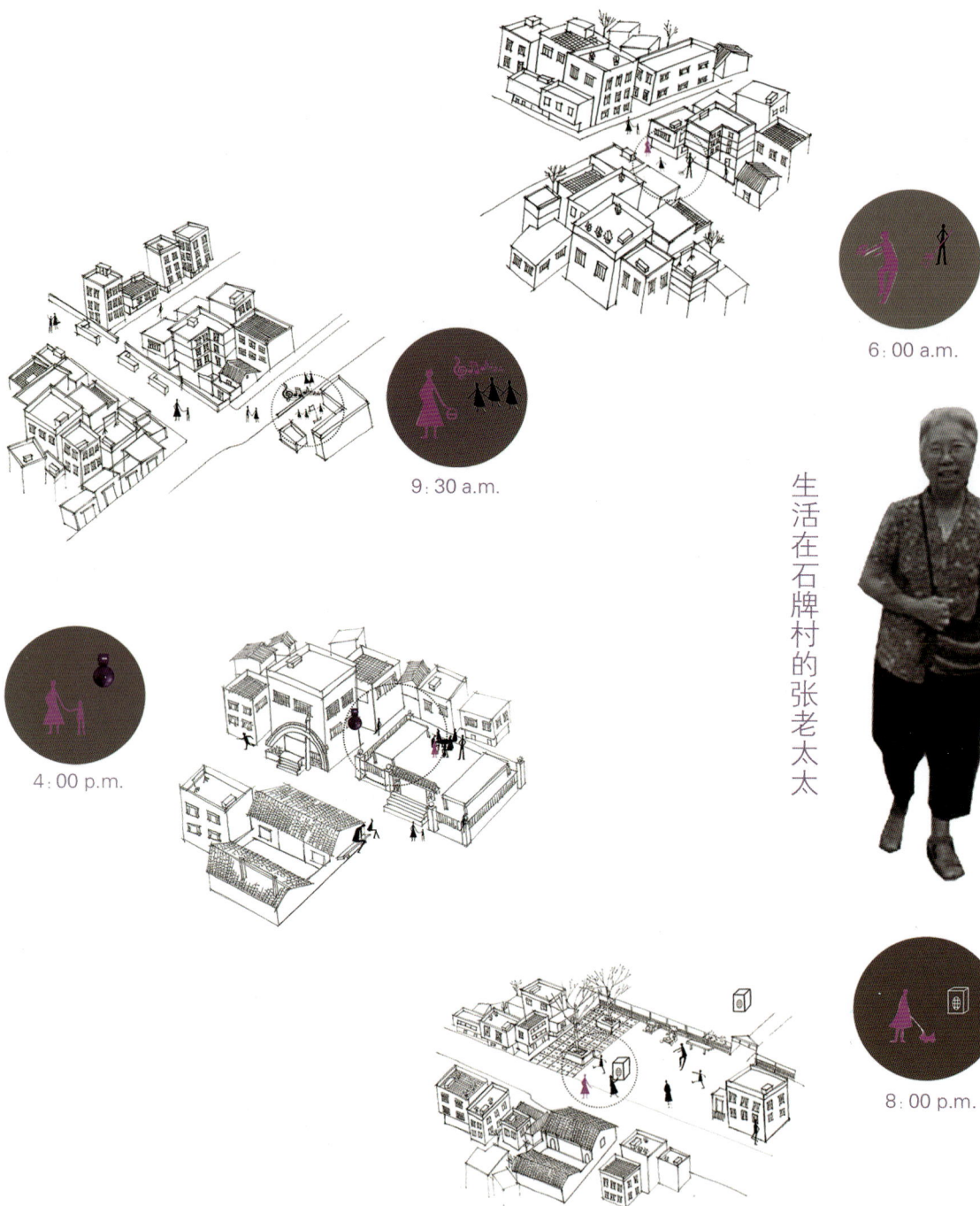

6: 00 a.m.

9: 30 a.m.

4: 00 p.m.

8: 00 p.m.

生活在石牌村的张老太太

　　"我楼下防盗门的加工厂，生意特别好，声音特别响，吵醒了我和爱睡懒觉的姑娘。鸡狗合啼着，欢迎来到石牌村庄……夜里演着戏，夜里把歌唱。"摇滚歌手王磊在《石牌村》这首歌中这样唱道，可见石牌村中的居民们有着自己独特的声音时间表。通过对石牌村中不同人群的访问，居民们表达：清晨听到扫地声时，就知道大约是 6 点钟了，老人表示自己听到这个声音就会起床。到了下午，石牌幼儿园的放学铃声响起，旁边活动中心打麻将的老人们就知道大约 4 点钟，应该散场了。同样地，我们用上图举例表达了石牌村中其他的声音对于石牌村中的居民的意义。

声音采集的过程

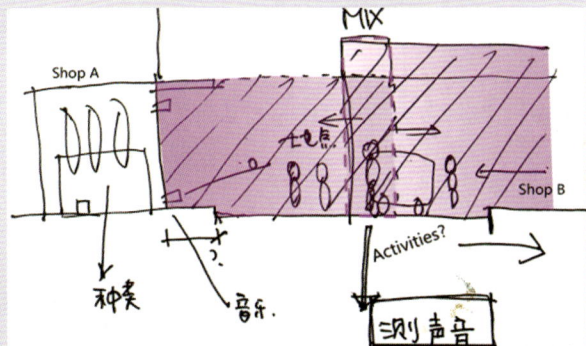

第 6 章 ［看不见的城市］工作坊

在石牌这样拥挤的城中村空间里，一家小店的实际面积可能只有 2 平方米，但通过声音的介入，这家店的"面积"可能就变成了 20 平方米。一家卖椰子汁的店在放张国荣演唱的歌曲，吸引着周围十几平方米的顾客，在这里，声音成了店家扩张空间的一种手段。这样的例子，在石牌村并不少见。我们发现另外两家这样的店，一家放着粤语歌，另一家放着普通话歌。询问过店主之后，我们得知播粤语歌的店主是知道周围居住着较多讲粤语的居民，因此投其所好，播放粤语歌。可见声音可以透露这样的隐形信息。

蒙太奇测试

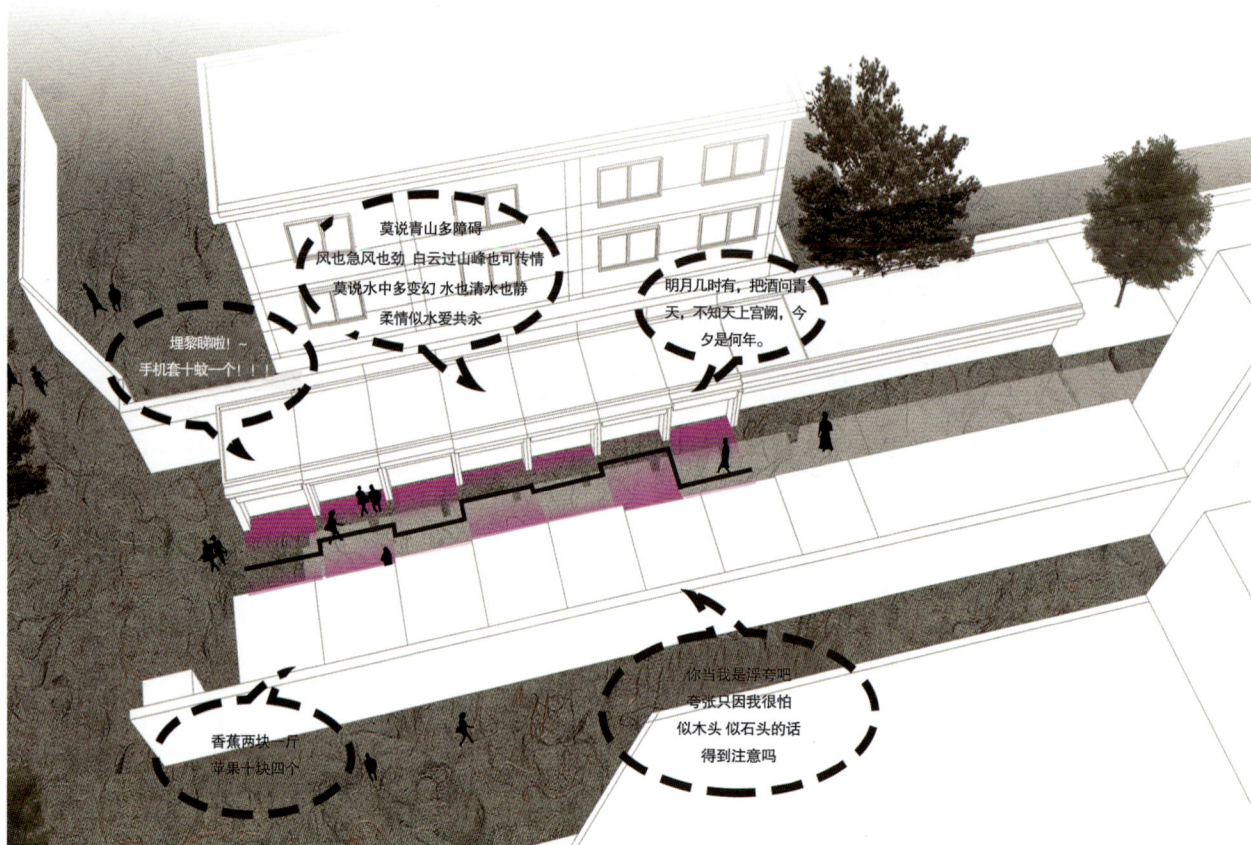

莫说青山多障碍
风也急风也劲 白云过山峰也可传情
莫说水中多变幻 水也清水也静
柔情似水爱共永

明月几时有，把酒问青天，不知天上宫阙，今夕是何年。

埋黎眼啦！~
手机套十蚊一个！！

香蕉西块一斤
苹果十块四个

你当我是浮夸吧
夸张只因我很怕
似木头 似石头的话
得到注意吗

在石牌村中的小菜场中，有着此起彼伏的叫卖声，一会左边摊位的声音更响，一会右边摊位的叫卖声更响。我们发现摊位间的过道中有这样一些临界点，在这个区域两边的声音都很模糊，我们通过主观感受测试这些临界点，并在一天中不同的时间点去反复测试，得到了很多条折线，我们将这些折线理解为声音空间博弈的边界，用实体模型（左下图）和蒙太奇（右下图）来表达我们在中尺度上关于声音的空间博弈的所有发现。

粤剧舞台的演变

粤剧舞台的基本运作

观众席　　　　　　粤剧演员　　　　　　后台　　　　　　音乐　　　　　　练习

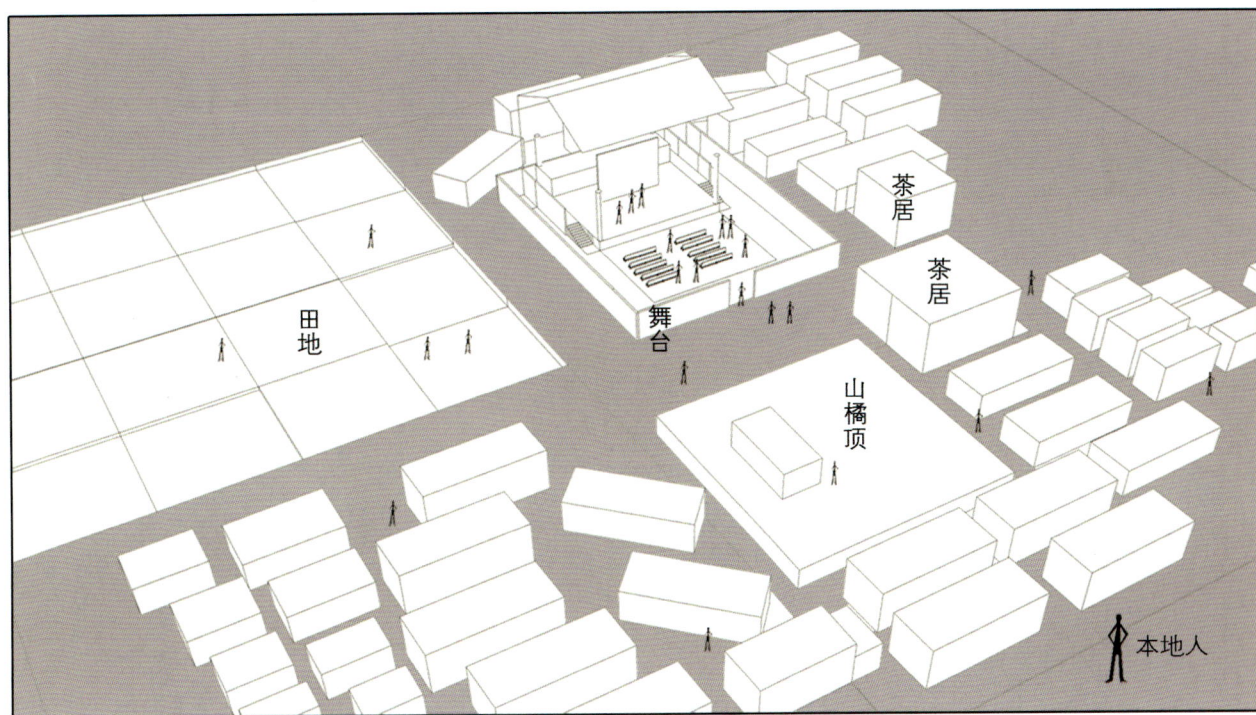

20 世纪 80 年代

声音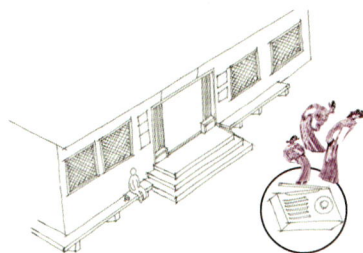

最后，从以前的看粤剧演变成现在的使用播放器听粤剧。

经改造后，后台和音乐演奏的空间狭窄，不方便使用。

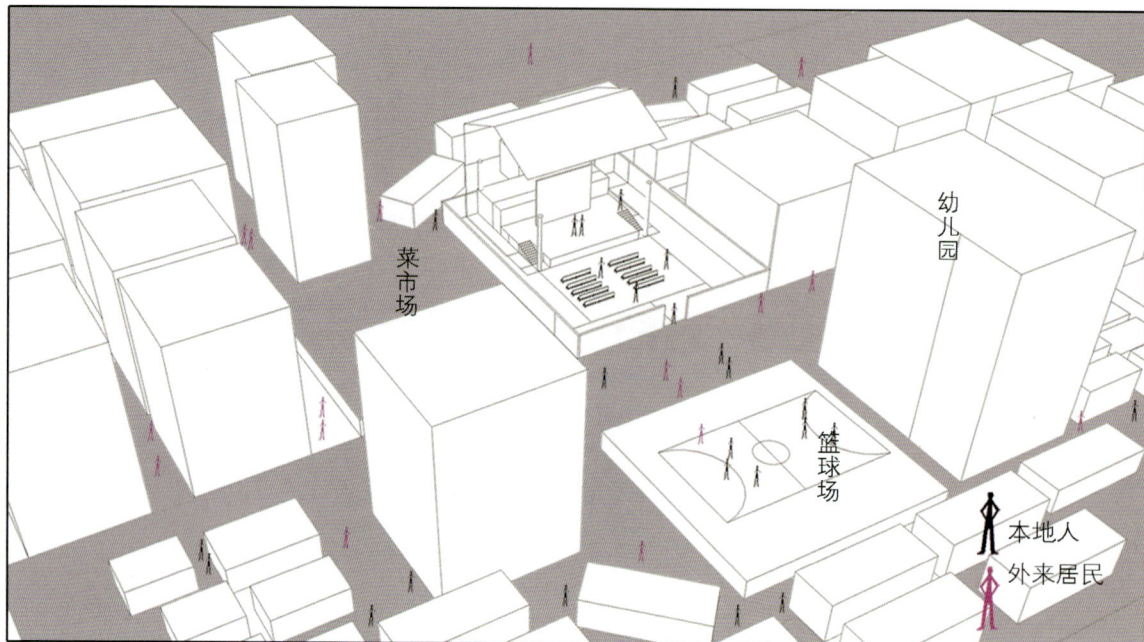

菜市场

幼儿园

篮球场

本地人
外来居民

20 世纪 90 年代

声音

后来，舞台不再被使用或甚少使用。

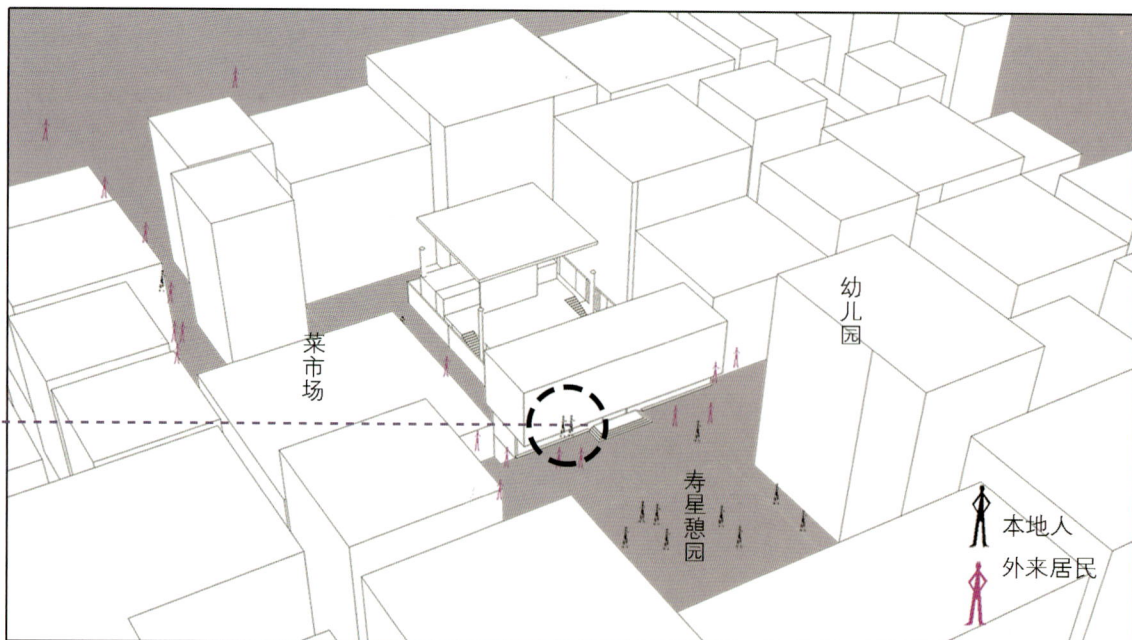

菜市场

幼儿园

寿星憩园

本地人
外来居民

21 世纪 20 年代

声音

社区的变迁

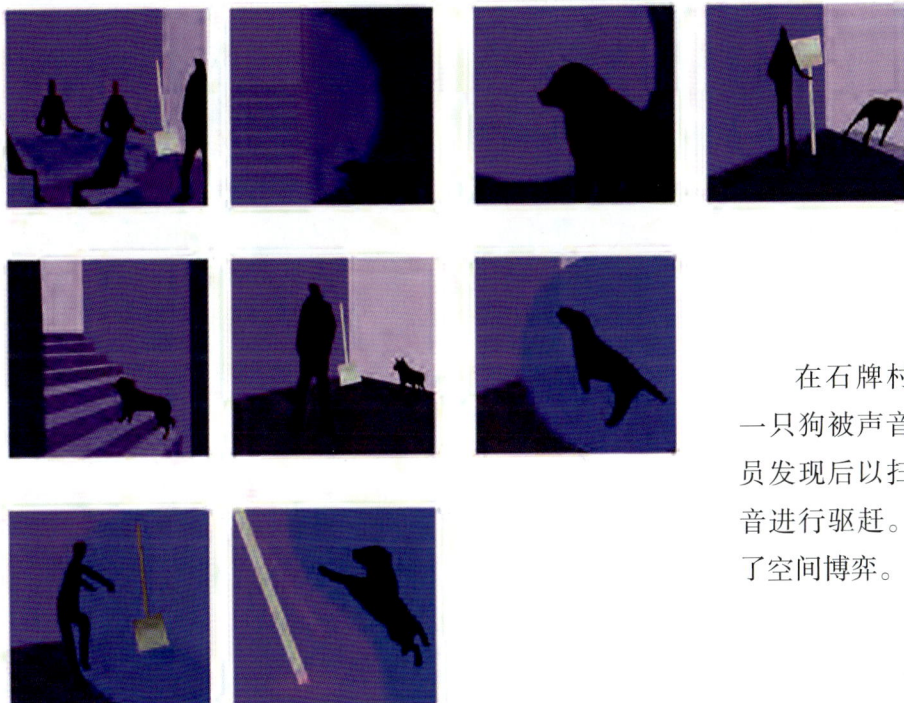

在石牌村中有一个打麻将的地方，一只狗被声音吸引，然后走进去。管理员发现后以扫把杆在地上敲出响亮的声音进行驱赶。人与狗，相互以声音进行了空间博弈。

我们在最大的尺度上，通过声音发现了社区的变迁。声音由五六十年前的牛声、敲钟声到改革开放时期的自行车声、三轮车的铃声，再到今天的板车声、电动车声和充斥在石牌村中的各式方言，体现着城市的变迁和建筑类型的改变。随着石牌村主街道尺度的拓宽，周边电子产业的兴起，自行车和三轮车已经不能满足这里的运输需求，于是板车应运而生。

如果能借助某些声音装置，将这些场所原有的声音信息复原和播放出来，如在工厂、车站、码头等原址上新开发的建设项目中，尝试播放经设计和调试好的相应的机器轰鸣及汽笛等声响，在一定程度上唤回该场地的历史记忆，也能为新建设项目增添更丰富的信息。另外，在城市中还存在一些历史上遗留下来的场所或建筑物，虽然他们已经丧失原有的功能，但是可激活，让其生命延续下去。如在一些老城中钟鼓楼以及主要建筑物上的钟楼，在今天已经丧失了其报时的功能，但其形象和声音还继续表达着城市的传统和历史，传达着悠远的记忆。

石牌的声音

　　声音之于我们，很多时候没有视觉的信息那样直观，也常常被我们所忽略，提及声音，我们常常想到的也是它的分贝高低、频率高低一类的物理属性。但这次工作坊在导师的指引下，我们理解到声音也可以有它的空间属性，可以用声音界定空间并从空间博弈的角度去理解它在石牌中的作用，这对我们建筑学的学生来说无疑是一种全新的思维和视角。

　　这次的工作坊收获颇丰，自下而上的思维方式让我们知道设计不能仅仅靠自己的臆想，这样做出来的空间设计乃至城市设计只会是一厢情愿的产物。自下而上，见微知著就是在启发我们要从小处着手，发现背后的逻辑规律，面对真实的客观情况，而非粗暴地改造那些看似破败亟待改造的城市空间。相反，它们中的很多节点却充满了活力，充满了空间使用的不确定性，这反而是千城一面的高楼大厦和高档小区难以焕发的一种活力。

小组感悟

何嘉颖

　　曾经与石牌村中80多岁的本地老人聊天，特别感动。感动我的是历史，是已经被现代冲击得面目全非的过去。我的学校就在石牌村附近，学校的大榕树是石牌村的，每次经过我都十分的感慨。

张梓乐

　　深入了解城市背后运转的规律，像对都市进行针灸一样，对城市空间做出微小却准确细致的改变，才是我们应该更多关注的一种方法和设计意识。

邹晓璇

　　大学三年第一次真正走进近在咫尺的石牌村，Jason经常问我们发现了什么。Mapping工作坊自下而上的思维方式启发我对城市看似混乱的空间进行更深的思考，我也要继续发现更多。

严晞彤

　　我感受到了看似混乱的石牌村的另一种魅力——其独特的场所精神和它灵活且充满活力的公共空间。

管皓辉

　　我真的觉得Jason是一个很好的老师。因为他从来不会否定一个学生的想法，无论我们说什么，他都会说："这很好啊，做下去看看还有什么发现。"这真的给了我们很大的勇气和自信，让我们更努力更认真地去做自己想做的东西。

罗飞

　　在工作坊的这段时间，自己有很认真地去做收集资料的事情，去了解自己想知道的。又好玩，又有收获，这大概就是学习的乐趣吧！

周健

　　在这次的工作坊中，我们发现声音也可以有它的空间属性，可以用声音去界定空间并从空间博弈的角度去理解它在石牌村中的作用，这对我们建筑学的学生来说无疑是一种全新的思维和视角。

王立珺

　　一次全身心的投入和付出，感谢Jason、张艳玲导师和我的同学们。

6.5　板车组

石牌的板车
CARTS IN SHIPAI

板车组

关顺承　潘裕安　阮鸿光　黄佛坚　邓志明　沈文正　陈俊华　刘锐鸿　尹　珠

石牌的板车

　　板车，一种在石牌村随处可见的工具。它看起来平平无奇，但其实一直在推动着天河岗顶周围各大电脑城的发展。除了石牌村口物流承运中心的存在，石牌村的板车师傅也形成了其庞大的运输网络。随着科技的进步，虽然各式新型电动板车出现，但手拉板车依然在石牌村内攘来熙往。在石牌村里的大小宽窄巷道里，板车师傅以符合村内的空间策略，运用不同堆货方式、搬运方式、运货路线等，自如地在村内穿梭。看似普通的板车，背后充满我们看不到的智慧，隐藏着我们不知晓的故事。

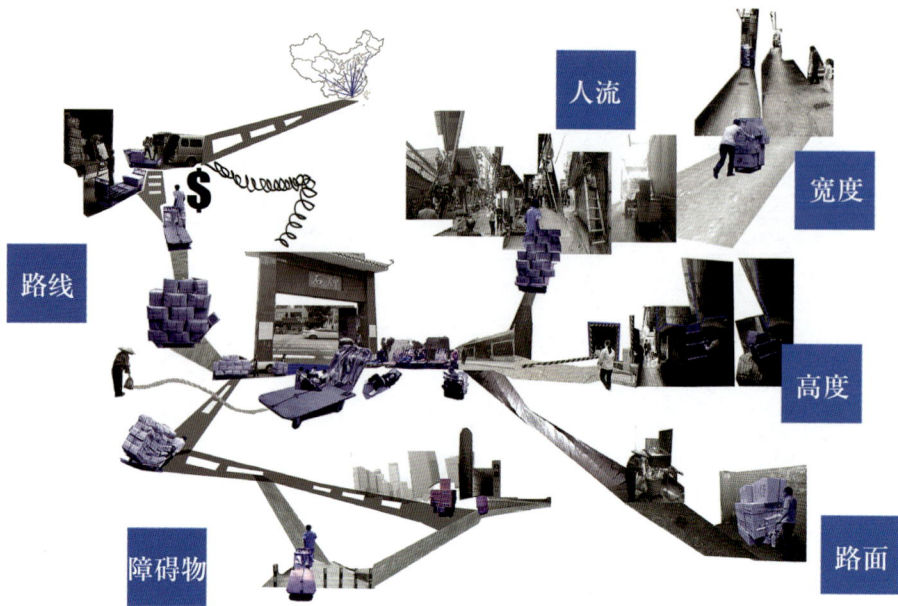

人流

宽度

路线

高度

障碍物

路面

边界的创造与延伸

板车从人行道往马路延伸，按照板车的宽度，占领马路的空间 1~1.2 米，但是由于边界的建立，石牌西路的行人和各种车辆都会与这带聚集点保持一定的距离，形成一个心理和社会文化上的无形边界。

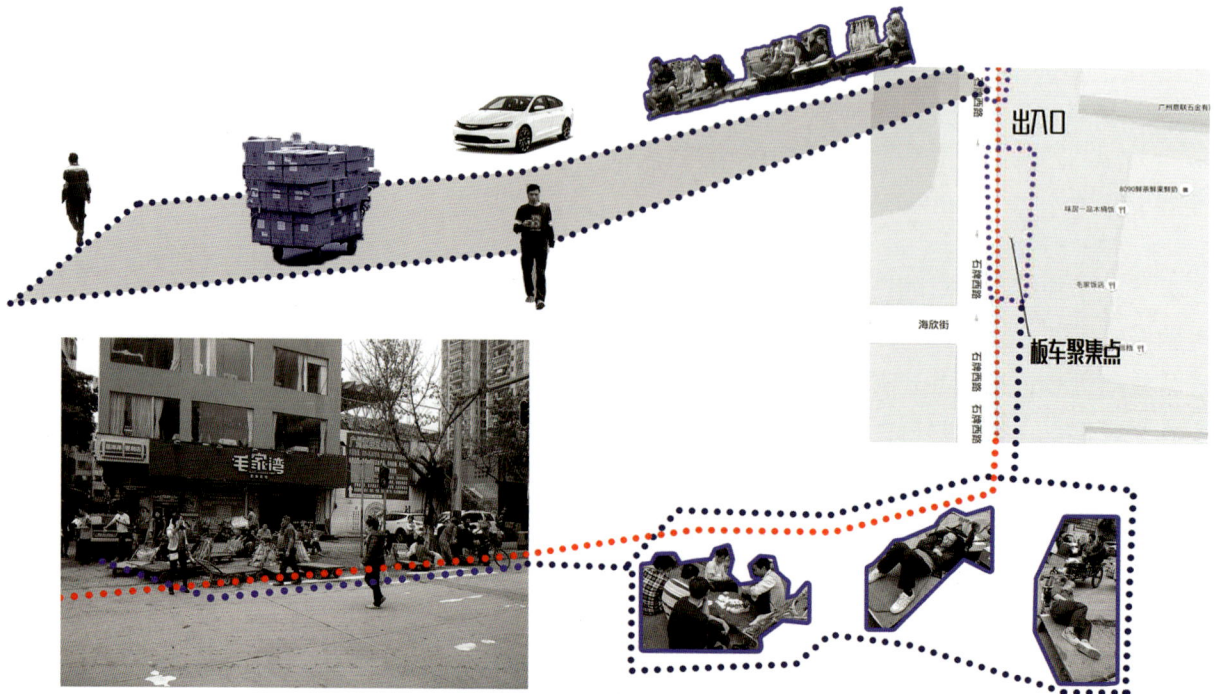

出入口

板车聚集点

海欣街

空间策略——堆货方式

　　由于石牌村复杂的环境，板车工人的堆货高度都会有所限制。石牌村里有不少建筑会出现出挑的情况，而且是位于一些窄巷里。加上街道不时地维修网线以及居民在巷道中晾衣服等，都令街道的环境变得复杂。受限于出挑的建筑，板车工人堆放货物的高度一般不会超过两米。

　　由此可见，怎样充分利用一辆板车上的空间进行货物堆放，也受街道环境的限制。而板车工人会根据实际的情况，调节出最适合的长宽高比例，营造板车上最恰当的空间。

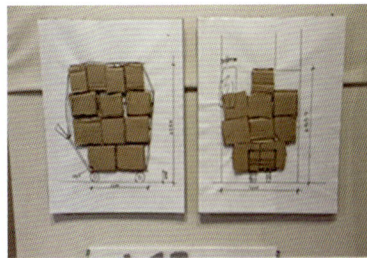

空间策略——路线

板车的主要路线

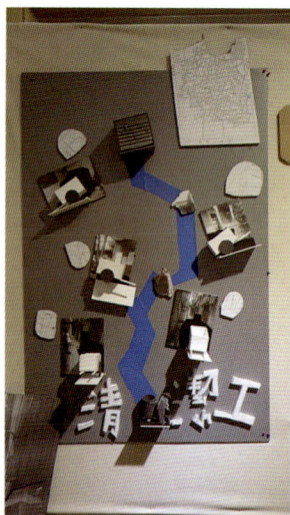

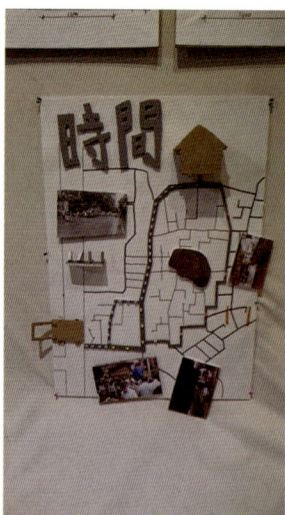

石牌西路

东园小区

　　板车工人平常工作都有其特定的运货路线，一般会在板车聚集点、村内的仓库、村内的大小街巷，以及大型货车中途经过的大马路反复来往。根据村内特殊的环境，部分板车工人会选择最适合的运货路线。

　　简单的板车运货路线在石牌村复杂的环境里，会因为各种因素而受到影响，包括街道的人流、宽度、地面材质等。

板车设计

石牌村的街道可能不够完善，甚至可以说是脏乱差，但从板车工人的工作过程可以体现出人们应对城市生活的智慧和策略。管理者和设计者为城市空间做出的决策和营造有时候不一定比使用者的应对和小改造有效，而这些民间的反馈可能才是城市生命力的源头。

设计理念

我们设计的新板车让板车师傅可以更方便地在村内复杂的空间运货，同时我们考虑到他们的日常需要，增加了一些小设计让板车成为他们生活休闲空间的一部分。

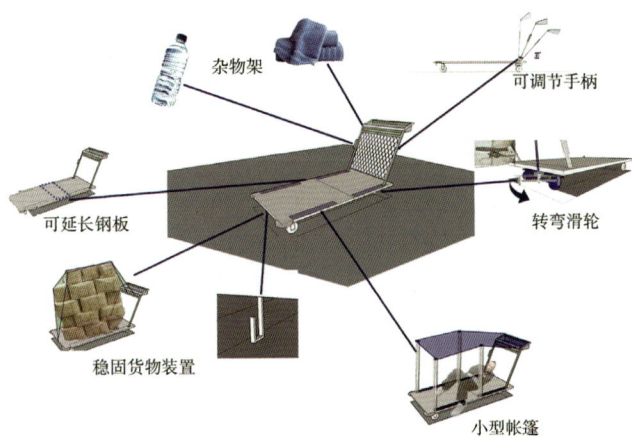

杂物架　　可调节手柄

可延长钢板　　转弯滑轮

稳固货物装置　　小型帐篷

小组感悟

Bowie Kwan（关顺承）
想做就要做，先别顾后果。

Bill Poon（潘裕安）
眼睛看到的东西只是小部分。其他的部分就要用不同的器官来发掘。观察只能认识事物，思考才能了解事物。

Hong Guang Ruan（阮鸿光）
很多时候我们会被眼睛蒙骗，凡事都要从不同角度、用不同的方法去思考和解决。

Fatkin Wong（黄佛坚）
面对别人打击，先不要愤怒，相信自己才是第一步，再去找出原因。酒醉也有三分醒。

Chi Ming Tag（邓志明）
沉着，用心，看世界。

Shum Man Ching（沈文正）
看山是山，看山不是山，看山仍是山。

Chun Wa Chan（陈俊华）
努力工作，团队工作！

Rui Hong Liu（刘锐鸿）
生活是你的老师。

Sydykova Inzhu（尹　珠）
每个我们看见的事物背后都有一个故事。

第7章 "竹丝岗社区营造"工作坊

社区寄语

我们的社区，我们的家，

每天的阳光照射在那一排排整洁的房屋时，

每当您出门有钥匙，回家有一盏灯时，

您多了一份信念，多了一份信心，

多了一份温暖，多了一份归属感。

这就是幸福社区。

7.1　非椅组

　　一个社区，氛围如何；一块公共空间，居民怎样使用；一件城市"家具"，居民喜好是什么；一种使用方式，能否还有更多……

　　我们以社区公共空间营造为目标，在竹丝岗，找寻一块冷清地，力所能及地将它改造。

　　一周的调研，两三天的制作，三五天的实验……

　　从前冰冷的石头，被有温度的木头所代替；从前没有生气的地方，出现了不一样的景色；从前不太有人聚集的地方，变成居民喜爱的悠闲场所。

非椅组

组　员：罗　婷　何文立　李子聪　欧颖乔　史得愉子　曾昭真　张　悦
志愿者：黄　迈　李奕丽　尹巧琪　周子桢

调研记录

漫步于竹丝岗

这里并不完全是一个用围墙与外界隔绝的地方，在这里，唐楼、红砖墙围合的老房子与新开发的高层洋楼并存不悖，巷弄之间却又有几分安静、亲切的气息。在这里居住的多为广州本地家庭，部分为定居家庭以及外来务工人士，邻里之间见面寒暄、"老友记"闲聊一个下午早已成为日常的风景。

寻找一个常被忽略的区域

竹丝岗社区街道相对整洁；基础配套较为齐全，有医院、幼儿园、小学、菜市场、商场，以及各种唐楼首层的便民商店等；基础设施略显不足，虽有一定的康乐设施，但供应不足，部分选址较为偏僻；能供邻里歇脚交流的公共空间较为缺乏，亭子三两处，基本无座椅，邻里多倚坐在花坛水泥平台、马路牙子等高差处

遇到了同时在调研的广东工业大学的学生

每天都在这里休息的买菜阿姨

我们在小卖部门口认识了陈婆婆和她的孙女

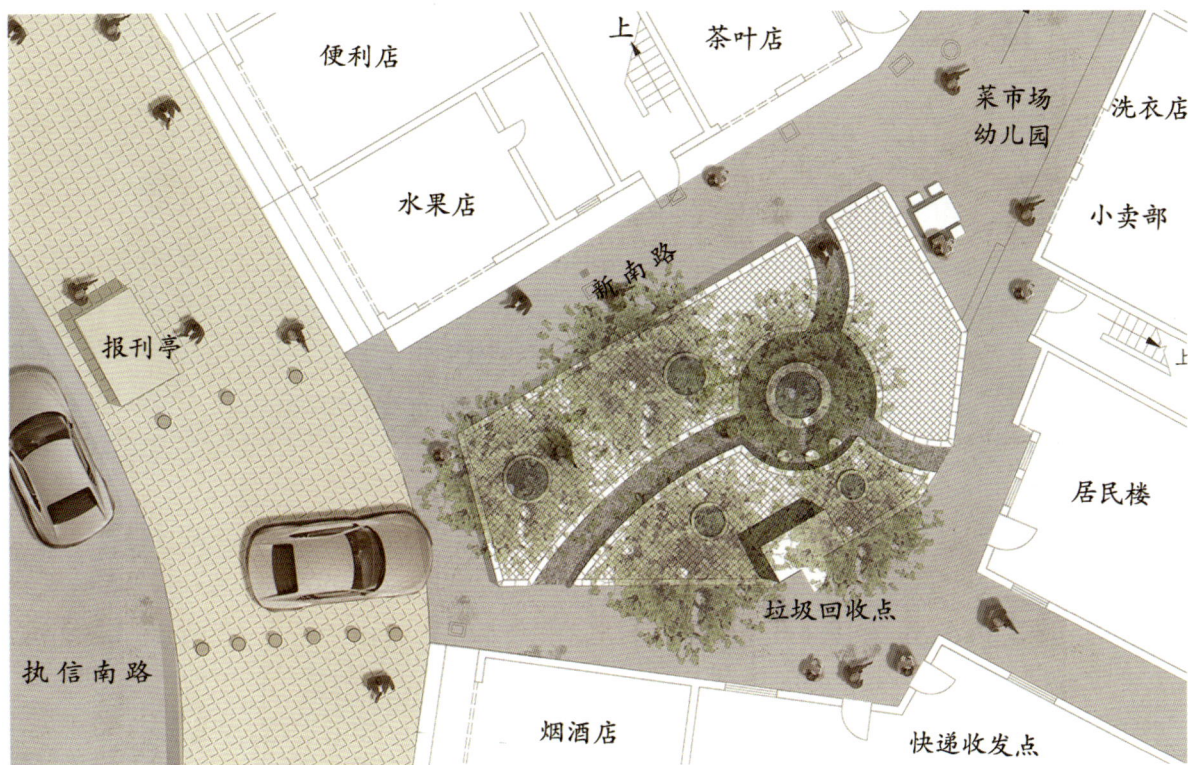

便利店 上 茶叶店 菜市场 幼儿园 洗衣店 小卖部

水果店 新南路 居民楼

报刊亭 上

执信南路 垃圾回收点

烟酒店 快递收发点

闲聊；空间应用亦有不足，幼儿园、小学门口并没有足够空间供家长接送等候，街道交界处放置了大量垃圾桶，占据了可作为公共空间使用的黄金地带，少有的空地资源没有得到合理应用而导致一定程度的浪费。

发现一个有趣场所

看过了许多不同的空间之后，我们的目光停留在了位于执信南路边上的一块"空地"上。这里邻近幼儿园、菜市场，这里有树荫和谜样的水泥平台，这样一块乍眼一看最为适合邻里交流的地方却意外地没有什么人停留。在好奇心的驱使下，我们开始了解它。

陷入数据谜团的组员

发现新事物的我们

向导师汇报……

历史演变

居民喜爱的大排档

居民不满的仓库

小卖部老板娘给我们
讲述水泥平台的历史

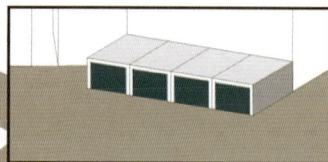

卫生极差的花坛

总体满意的水泥平台

"20多年前，这里是大排档，敞开式的档口，桌子板凳放在中间。那个时候好热闹的，每天一到晚上都是人，坐得满满的。"回忆起当年自家档口位置的林先生开心地说着。

后来，估计居委会觉得这里太吵太乱，就拆了大排档，搭了间砖房变成了其自家的仓库，剩下的空地则自然地变成了停车场。

再之后，不满居委会行为的居民要求重新改造这块用地。在提案时，居民纷纷表示想要可以休憩的地方，然而居委会只是做了三个大花坛而已。

最后，由于花坛不易打理，垃圾横生以致脏乱不堪，对此不满的居民要求居委再次改造。结果居委只是用水泥填平花坛，就变成了现在的水泥平台。

行为轨迹

快递员行为轨迹

小卖部老板行为轨迹

行人行为轨迹

人体尺度

幼年

少年

青年

中老年

A 390mm
B 700mm
270mm
C
D 500mm
E 270mm

10%
幼年

20%
少年

30%
青年

40%
中老年

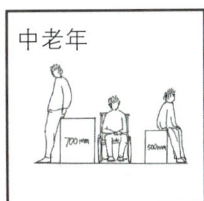

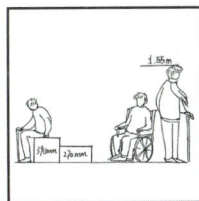

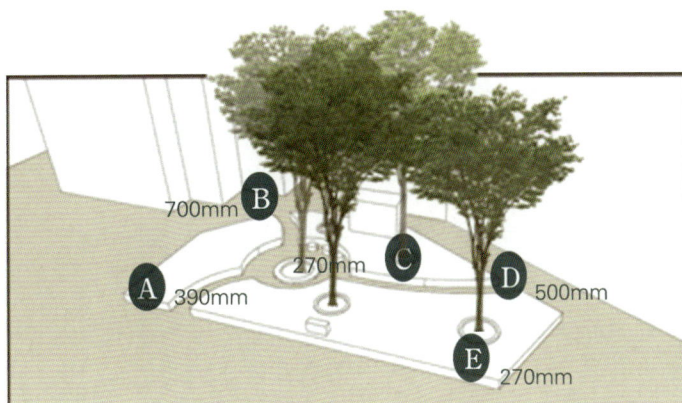

居民活动类型

中老年人以买菜休息、接送小孩、闲聊居多；青壮年多为买菜休息、接送小孩、上下班、闲聊等活动；少年以出勤、闲聊为主要活动；儿童则是上下学、游玩居多。

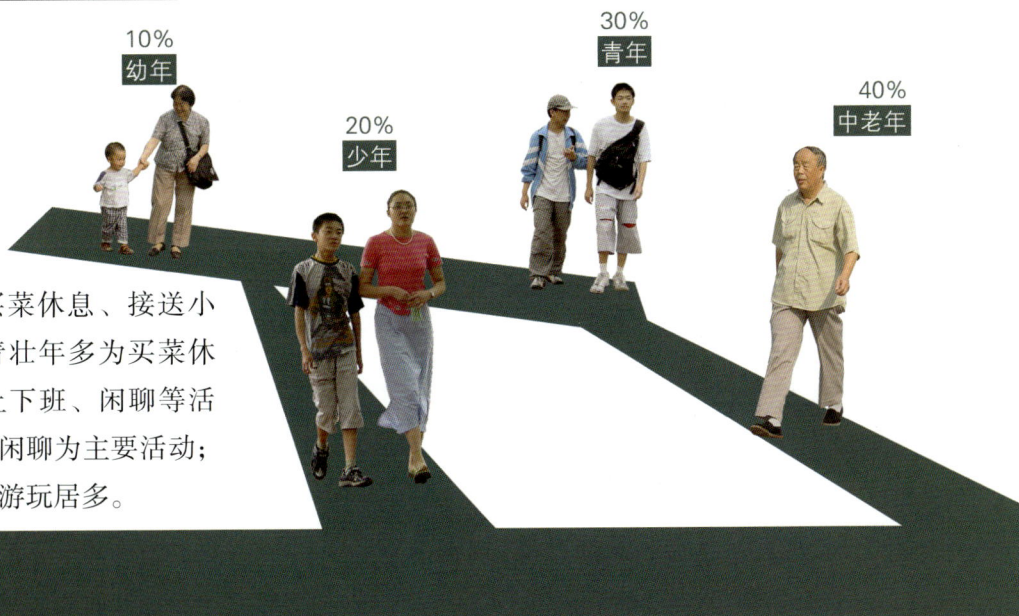

小孩行为轨迹

我们以水泥平台主要使用的人群类型作为观察对象，通过地图标记法来记录四种人的行为轨迹。

通过记录发现，小卖部老板、快递员和行人所使用的平台分成三大块，三块不会互相干扰，而行人最常使用的是靠近街道的平台，另外两块的使用方式较为不固定。因此，在接下来的改造过程中，为了不干扰居民的生活，我们只对使用方式不固定的平台进行改造。

方案理念

平台座椅：以种在平台上相对靠近边缘的一棵树为圆心，做出围绕在树周围的木制座椅，加上对坐在平台上的人有物可倚靠的考虑，通过测量测试做出了兼符合座椅和倚靠物高度的、有一定的弧度造型的平台座椅。除此之外，椅子下方设置有轮子，可旋转轮子调节座椅方向以迎合想要坐在各个方向的人，由于围绕着树，因此也无须担心座椅滑出平台等危险情况的发生。

过道座椅：在水泥平台已有高差的基础上，通过弥补部分高度，使之坐起来更加舒适，加上对"交流"与"温馨感"的考虑，将其做成了类似小屋、相对而坐的形式，以及利用平台延伸出来的部分做成一个小平台，配合上小木凳，可组合成桌椅或者靠台等多种形式，为居民的使用提供更多的可能。

形态演变

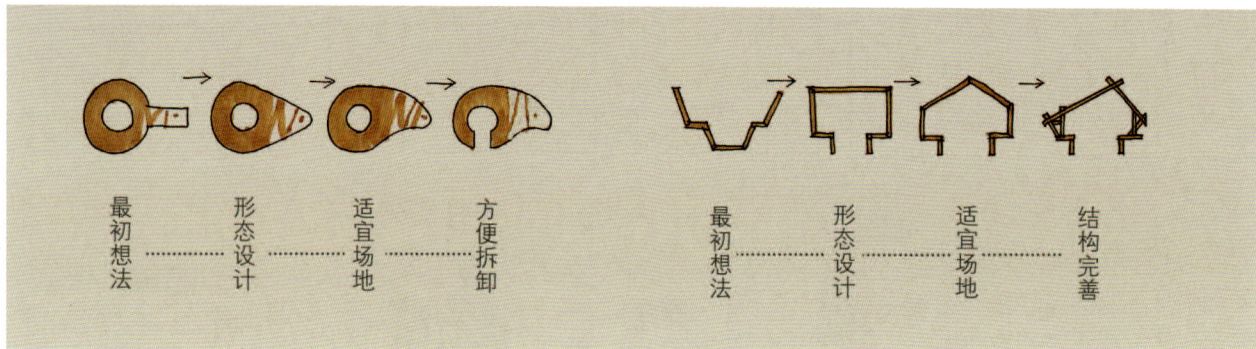

| 最初想法 | 形态设计 | 适宜场地 | 方便拆卸 |

| 最初想法 | 形态设计 | 适宜场地 | 结构完善 |

爆炸分析图

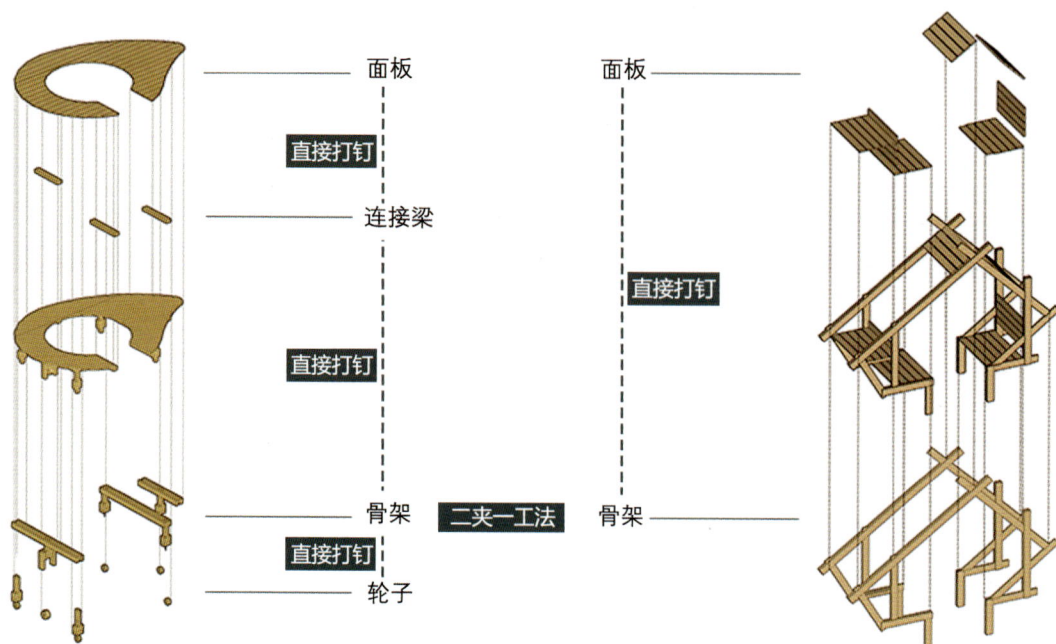

面板
直接打钉
连接梁
直接打钉
骨架
直接打钉
轮子

面板
直接打钉
二夹一工法
骨架

2017. 11. 13   制作教学

2017. 11. 16   测量场地

2017. 11. 18   正式操作

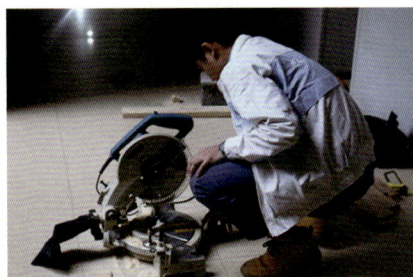

2017. 11. 22   最终安装

制作
日记

使用反馈

早晨： 晨起买菜的老人和上班的人在平台座椅上吃早餐。送完小孩的居民遇上熟人也会留在这里聊两句。

8:00 —10:00

上午： 路过的居民在座椅上整理买来的蔬菜，和过往的熟人一起停留聊天。

10:00 —12:00

12:00 —15:00

中午： 快递小哥午间休息时会来平台上玩手机，路过的行人对这里很好奇，也会坐在椅子上稍作休息。

15:00 —18:00

下午： 小朋友放学后，在平台的椅子上玩，和朋友一起吃零食，聊天。家长带着小朋友出来玩，和邻居有了进一步交流。

居民访谈

婆婆啊，你觉得我们做的椅子漂亮不？

漂亮啊，做工挺好的，能不能给我做一把椅子啊？

我回去看看我们还有没有多的木头，有的话给您做！

好啊好啊，我大概需要这么高的（婆婆开始比画）。

李婆婆 69 岁

这是你们做的东西？

是啊，大叔，您觉得做得怎么样啊？

现在年轻人这么有创造力啊，我以前也是做木工的。

哎呀，遇到行家了，大叔有啥评价不？

我觉得你们做得很有荷兰的风格啊，挺好的啊。

年轻人就该这样多动手！

张伯 50 岁

这什么时候又多了这些东西啊？

我们昨天刚放的。

哦，你们做的啊，看你们在这里待好多天了。

你们是学生？

是啊，大哥觉得这里怎么样啊？

挺好的啊，多了一个休息的地方，也有地方坐着玩手机了。

就是可能垃圾会变多。

王大哥 28 岁

这里真漂亮，我以后可以经常来这里玩啦！

小朋友，要注意安全哦～

姐姐，这是你们做的吗？

是呀，你喜欢这里吗？

喜欢！

小豪 11 岁

小组感悟

罗 婷

异想天开并不奇怪，而实现它的过程是充实又快乐的。

何文立

生活就像海洋，只有意志坚强的人才能到达彼岸。

李子聪

使用者的笑容是设计师的动力。

欧颖乔

人的感情，是最好的设计催化剂。

史得愉子

给平常以未知。

曾昭真

人生并非都是选择题，而是应用题，要我们用一点一滴去论证。

张 悦

我们心中的恐惧，永远比真正的危险巨大得多。

黄 迈

新的风暴已经出现，怎么能够停滞不前。

李奕丽

深入观察生活，在输出与输入、合作与摩擦中成长。

尹巧琪

与其临渊羡鱼，不如退而结网。

周子桢

柔软不失力量，灵动不失沉稳。

7.2 百变木箱组

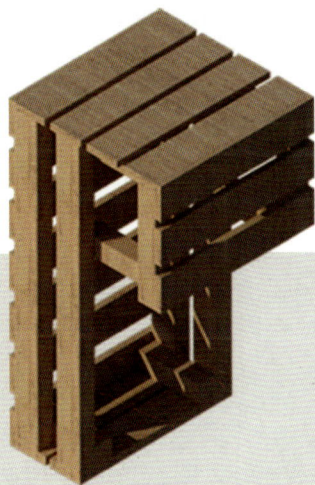

　　百变木箱（Multifunction-box）——就像乐高积木一样，可随意组合成各种形状，以满足人们的使用需要。

　　百变木箱也可以说是一种百变的"城市家具"。随着城市的发展，人们越来越重视公共空间的生活品质，因此，城市家具的设计也随之受到重视。百变木箱是设计师为了满足人们在公共空间不同的活动需求而设计出来的装置。

百变木箱组

陈颖妍　劳馨莹　李庄颖　王帅奇　陈子扬　林煜彦　邱俊锋　罗　洋

选址与分析

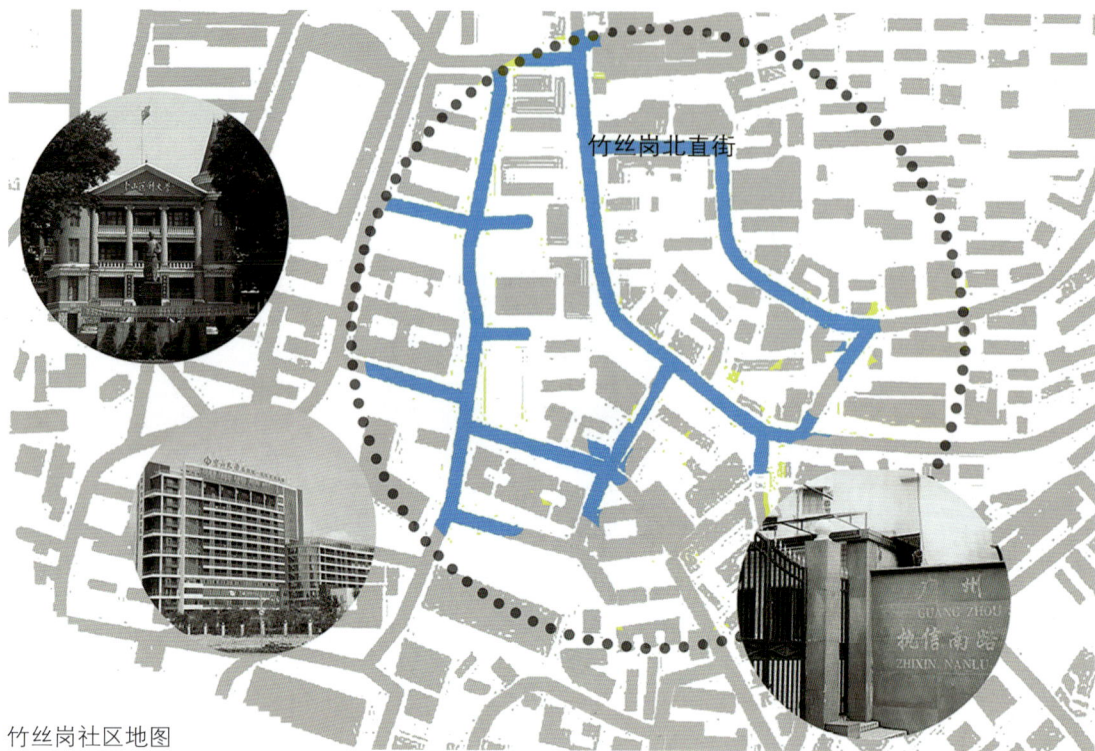

竹丝岗社区地图

初进竹丝岗社区，最先吸引我们的是热闹的街道，还有浓浓的生活气息。来到这一条空间非常宽阔的斜坡街道上，生活氛围尤其有趣，路旁空地上有打麻将和喝茶看报的老人，有嬉闹的孩子。于是我们就停下脚步，开始充满好奇心地探索这条街——竹丝岗北直街。

竹丝岗北直街是进出竹丝岗社区的必经之路，人流量大，充满了各种各样的人群，而旁边高低错落的平台则成为一个公共空间，被路旁的商家、居民利用，也有不少居民在此休息、聊天交流，很多老人在平台上固定的椅子和拐弯处歇脚休息。这个空间的公共生活类型丰富有趣。

0~19岁
10%

60岁以上
23%

20~39岁
26%

40~59岁
41%

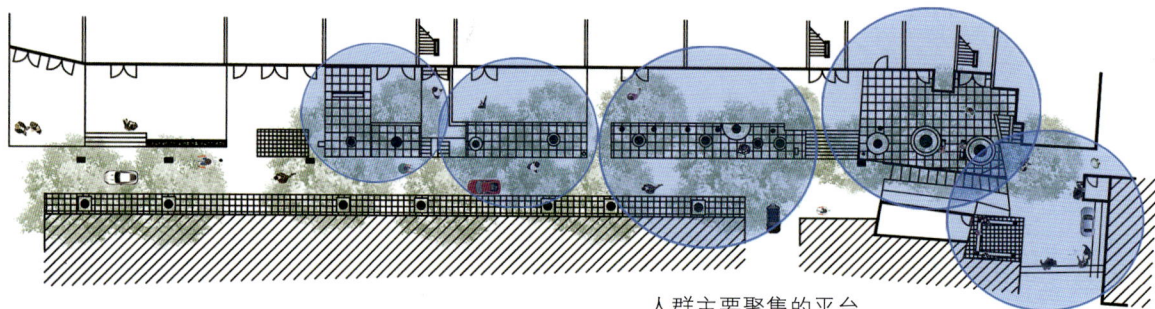

人群主要聚集的平台

使用平台的主要人群

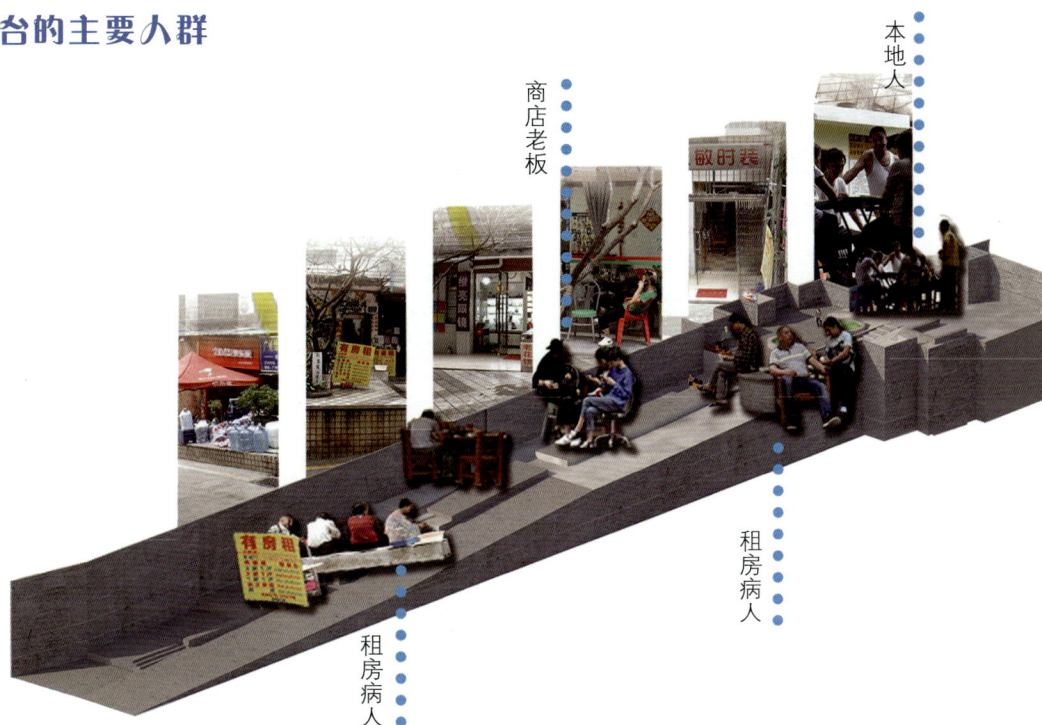

本地人

商店老板

租房病人

租房病人

租房病人

由于这个地点邻近医院，医院的床位不足，很多从外地来看病的患者及其家属都是租住医院附近的房子。房子很小，只能放下一张床和一个柜子，因此他们会经常到楼下的椅子上坐坐，和其他人聊天。

本地人

在附近居住的本地人几乎每天都会聚在一起，只要天气好，休闲时就会聚在此地打麻将，老年人的退休生活大多如此。

商店老板

街道旁几家商店老板空闲的时候会坐在门口椅子上休息。

外来务工者

这一带出租屋比较多，外来务工者也是租客的一部分，他们主要是路过这条街到附近的商铺打工，几乎不会在此平台上休息。

单体的设计

设计之初构想

我们最初以满足休息人群的使用需求为出发点，希望能为居民休息的时候提供一个更舒适的设施。设计之初构想之一是一张能够与环境融合，同时也能供居民使用的桌子。后来发现有一段破旧的楼梯给居民生活带来了不便，设计之初构想之二是改变破旧楼梯的用途，进行一些绿化的改造。

设计之再构想

经过导师的指点后，我们将两个构想结合，便产生了一个有趣的念头：将所设计的单元物件随意摆放在不同的地点，并观察居民是否会使用或者根据自身的需求动手去摆放，从而让他们对这个公共空间进行改造，让居民自由创造空间。

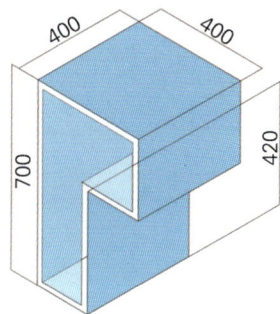

通过观察与研究，我们结合居民多种使用方式以及老年人的舒适尺度（比年轻人要高），我们构想出一个可以与树墩融合的桌子。

设计之终构想

　　我们通过进一步的观察与研究发现，这个社区的居民大多数为退休的老年人以及从外地来附近医院看病的租客。他们大多数体力不佳，于是我们选择了比较轻巧的木材做成较轻巧的装置。居民可以根据他们的使用需求自由移动摆放，自主设计自己的公共生活，如此一来，公共空间变得更富有趣味性和灵活性。

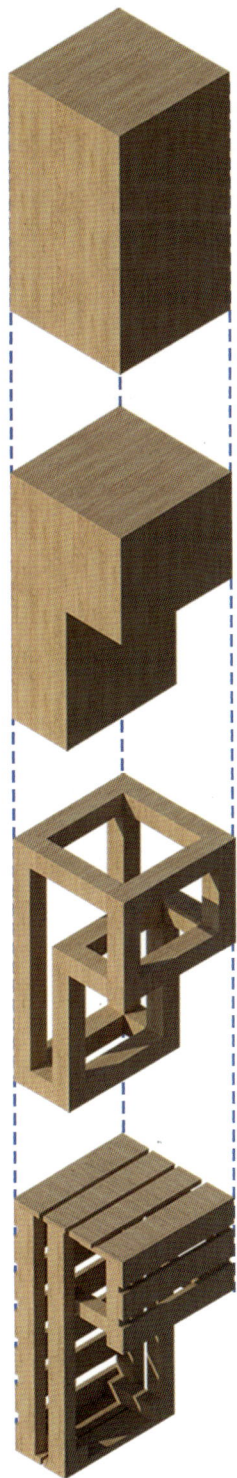

预想的使用方式

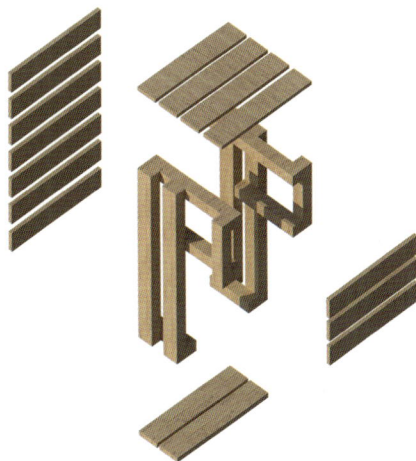

单体推敲

单体构造

即将投入使用的百变木箱

制作的过程

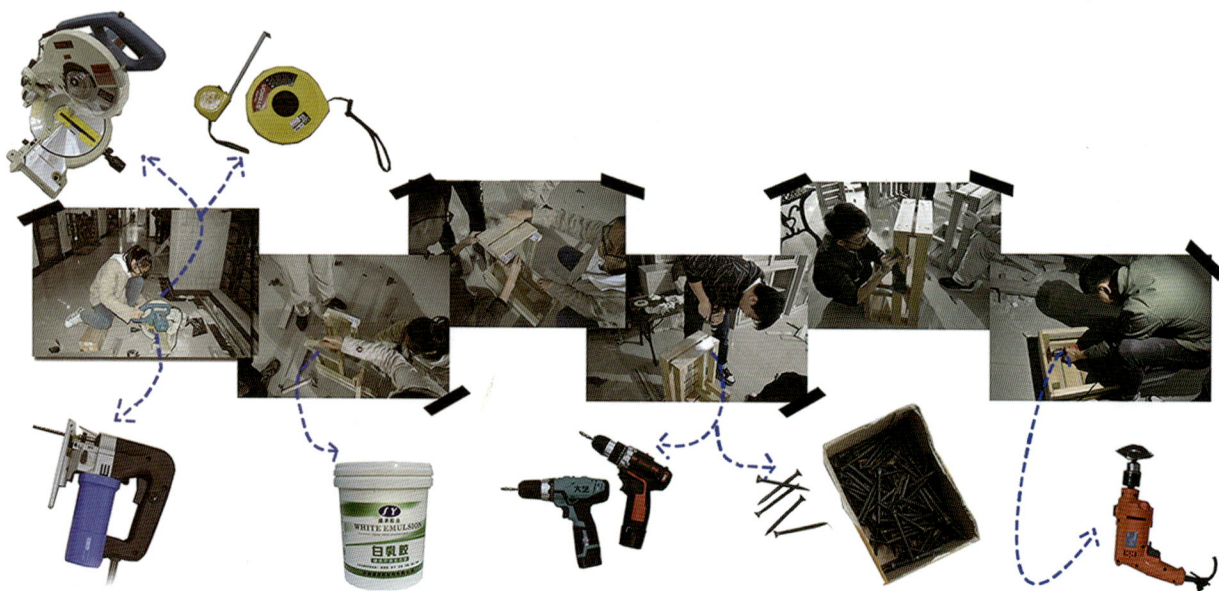

与居民讨论现场

正式投入使用前，我们先将制作好的两个重量不一样的木箱带到现场，邀请居民与我们一起讨论并动手拼凑成不同的组合方式，从沟通中得知需要改善的地方。这同时也激发了我们制作出更符合这里居民需求的百变木箱的热情。

此次的讨论，我们希望通过空间使用者的行为回应，为设计带来刺激，再把最适合的设计反馈给社区居民。

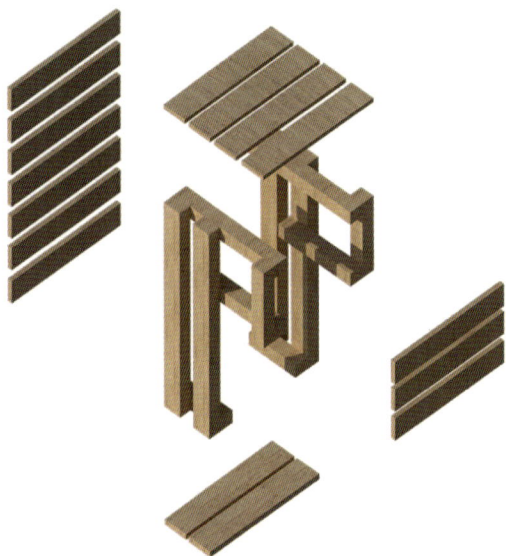

置入木箱的前后对比

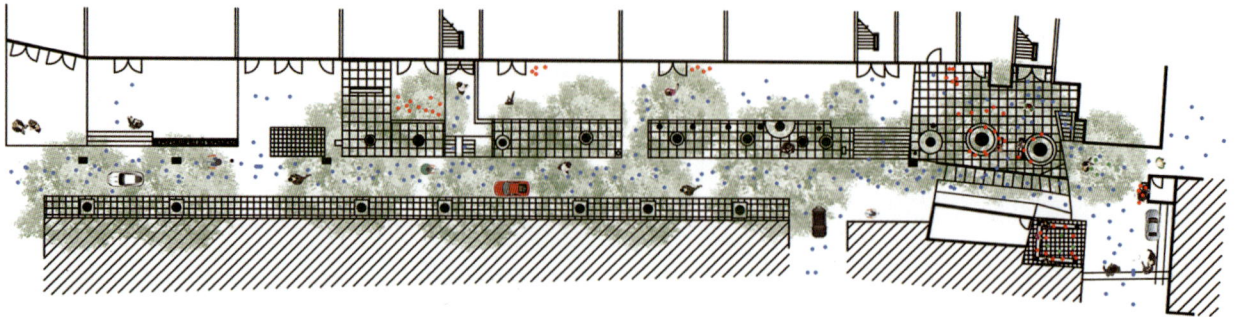

- 路过的人
- 停留休息的人
- 打麻将的人

置入木箱前人流分析图

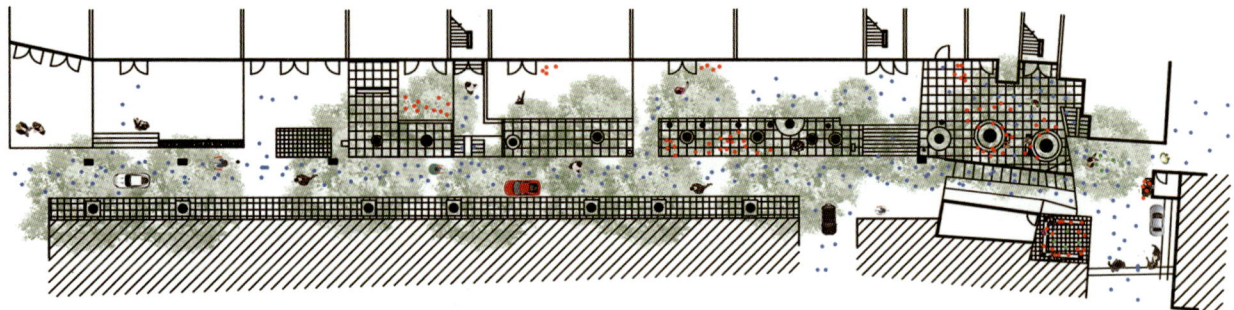

置入木箱后人流分析图

投入使用

投入使用后的情况

我们将木箱分散摆放至不同的平台，观察其使用情况。在投入使用的第一、二天，居民的自发使用率很低，这个单体还没融入社区，居民对它还存有陌生感，也不清楚它的使用功能，因此就很少去触碰。

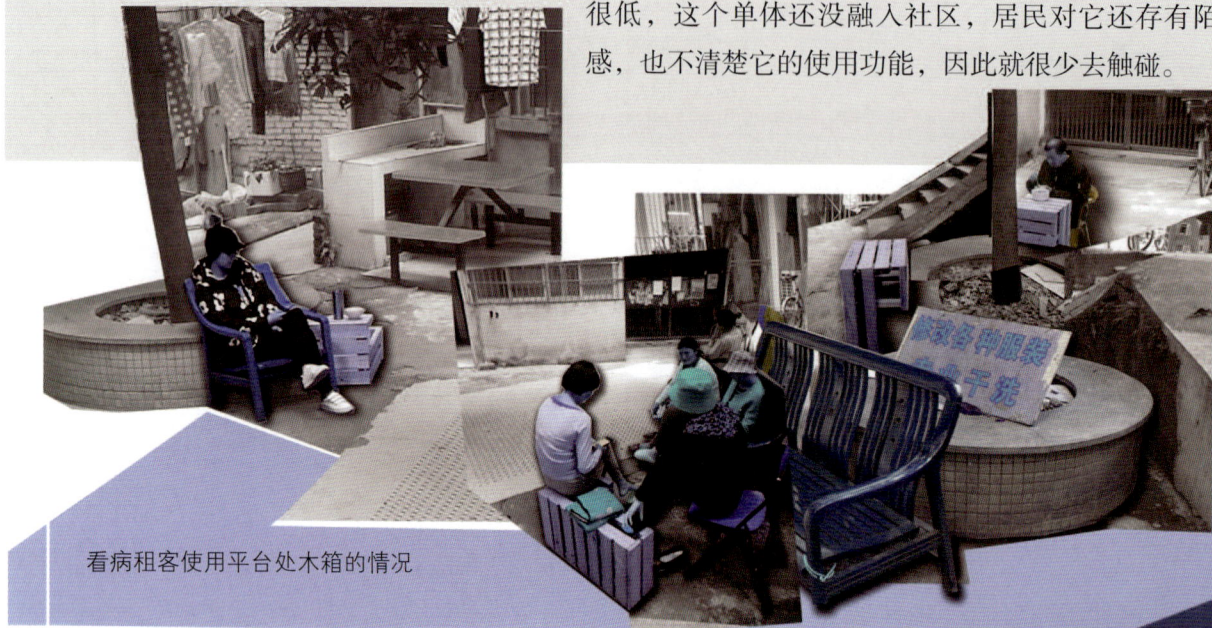

看病租客使用平台处木箱的情况

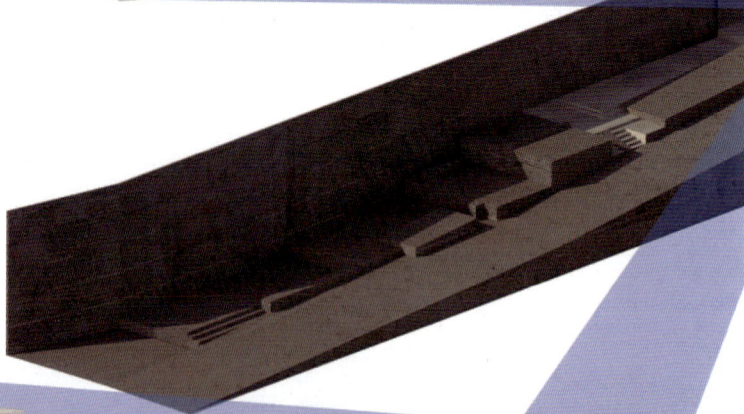

从第三天起，我们把木箱集中放在一个平台，发现居民的使用率比前两天有明显提高，木箱开始慢慢融入社区。居民开始接受这个木箱的存在了，有不少居民会坐在单体上休息，也有居民开始移动单体，尝试拼凑成自己觉得好看的组合，放学路过的小朋友还被吸引来玩耍。

木箱集中放置于一个平台的使用情况

亭子处木箱的使用情况

商铺门前木箱的使用情况

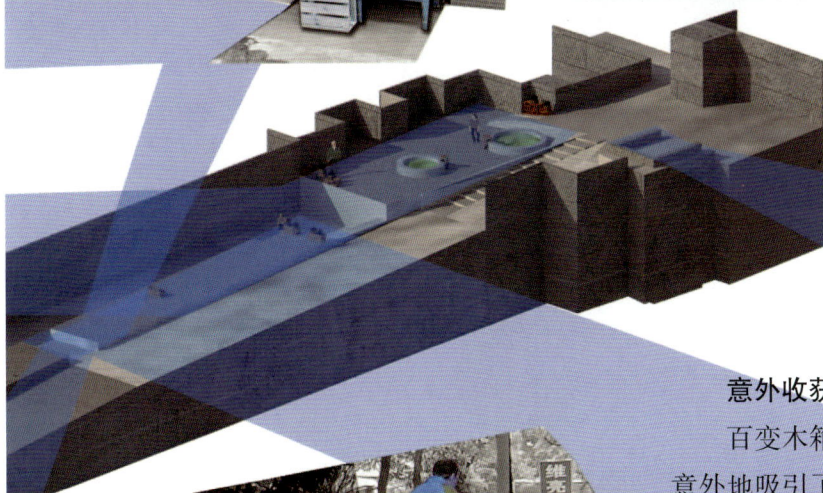

意外收获

百变木箱的原始目标人群是老人和患者，却意外地吸引了很多的小朋友前来使用，为这条街注入活力，改善了一开始平台大多由老人或病人使用的状况。

木箱集中放置于一个平台的使用情况

小组感悟

　　这次工作坊带给我们许多收获，不仅让我们收获了同甘共苦的友谊，也让我们更加深刻地了解到作为一名"设计师"不能为了设计而设计，而是要亲自进入现场，体验使用者的生活，了解使用者的需求，邀请使用者参与设计，并进行使用后观察、记录、反馈、改良，才算是设计。

　　设计，不是某些人的特权，每一个人都是自己生活的设计师。

　　特别感谢在工作坊中给我们指导的各位老师、积极参与的竹丝岗社区居民，他们让我们了解到什么才是真正的设计，要如何在社区中介入设计，以及如何使我们的设计融入社区，谢谢！

陈颖妍
社区营造，营造社区。

陈子扬
套娃里面还有套娃，故事背后还有故事，设计结束还有设计。

劳馨莹
改变与重塑。

林煜彦
设计源于生活，生活因设计而有趣。

李庄颖
每个人都应该有设计生活的权利。

邱俊锋
生活中发现设计。

王帅奇
每个人都是自己的设计师。

罗　洋
存在即是合理。

7.3 MIX BOX 组

MIX BOX 设计理念

MIX BOX 是我们对装置、环境以及使用者交互行为的一次尝试。设计初衷是激活场地，给老年人及儿童提供舒适多变的活动空间。MIX BOX 整体采用木质材料，它的内部空间可供儿童进行登、爬、坐、钻等活动，配合积木式的单元木块，可随意组合形成不同空间形态，创造出灵活多变的使用方式，从而增强 MIX BOX 本身和使用者的黏性，实现创意、多变、趣味的设计理念。希望 MIX BOX 能如同催化剂般激活整个社区的活力。

MIX BOX 组

林俊杰　邱东琦　杨栋添　林碧欣　吴　悠　曾伊琳　刘燕妮
梁楚涛　陶举曦　张　航　李洪乐　俞　圳

选点背景

中航大厦内的中航国际社区，位于广东省广州市越秀区农林下路的竹丝岗社区内。该社区交通便利，周围配套设施齐全，社区环境静谧。

社区原本属于单位房，但是随着产权私有化，经过多年来住户的买卖，形成了较复杂的居民构成，目前已有多名住户是非中航国际的员工及家属，但仍是以同一单位的住户为主。社区广场一侧有康乐设施，另一侧为"农林之家"的社区活动室。

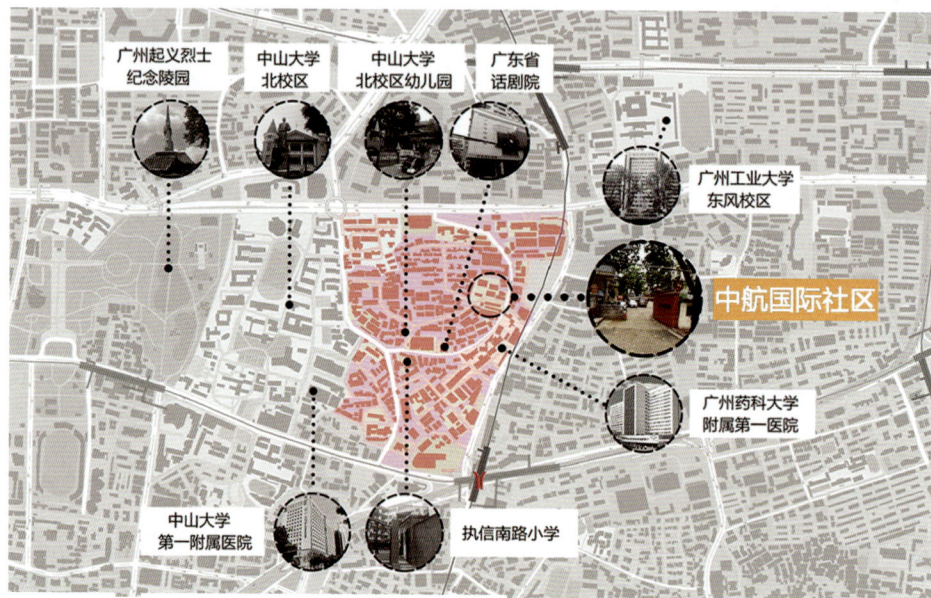

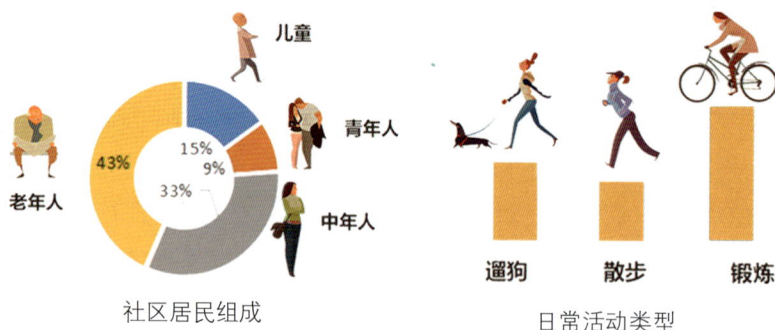

社区居民组成

日常活动类型

中航国际社区空间的使用者以中老年人与儿童为主。

居民在社区内的日常活动大致分为三类：遛狗、散步和在康乐设施处进行锻炼。

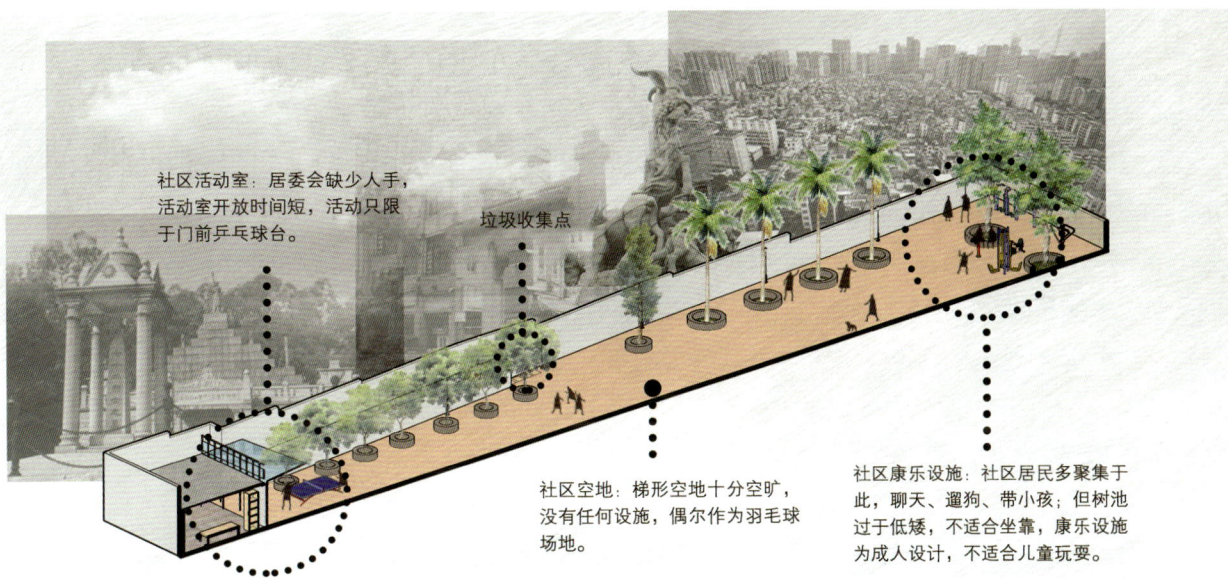

社区活动室：居委会缺少人手，活动室开放时间短，活动只限于门前乒乓球台。

垃圾收集点

社区空地：梯形空地十分空旷，没有任何设施，偶尔作为羽毛球场地。

社区康乐设施：社区居民多聚集于此，聊天、遛狗、带小孩；但树池过于低矮，不适合坐靠，康乐设施为成人设计，不适合儿童玩耍。

调研记录

这个广场位于封闭的社区内部，不容易接近，虽然有大片的空地，但利用率和实用率却极低。

居民的大部分活动主要集中在空地侧边的康乐设施处。社区内的老人反映，空地闲置的原因是缺少了座椅，在这个社区里，除了康乐设施里的三个活动座椅，就没有居民可以坐下休息的地方了。而社区的花坛也由于高度不符合人体尺度，很少有人坐。

原本可以憩坐的户外座椅也因为棕榈树的树叶存在掉落的危险而无法发挥作用。康乐设施与环树水泥花坛混杂设立，对于儿童来说是一个危险的环境。

社区内的康乐设施均是提供给成年人使用的，没有给学龄前儿童玩乐的设施。

由于居委会的管理，活动室长期都处于封锁状态，但是居民们有意愿打开社区的活动室。

这个社区好像经常看到老人出来遛狗、带小孩。

是啊，这个社区里住的大多数都是中老年人。

爷爷，您在这个社区住了多久了？

十多年了，这里的人很多都是住了很长时间的。

爷爷，您平时除了带带孙子还有什么爱好呀？

我平时的爱好就是看看书，什么书都爱看。

🧠 方案设计

如何让居民可以回到社区空间呢?

我们设想一个可以隐藏在"农林之家"的移动式装置,平时放置在室内,有需要时移出来,并依据不同的需要呈现不同的摆放方式。

MIX BOX 回应不同人体尺度的使用,是一个适合憩坐、也可让儿童攀爬的有趣空间。家长在 MIX BOX 座位上休息阅读的同时,小孩能在玩具与书籍车之间攀爬玩耍。

MIX BOX 也是一个载体,书架上可以放置图书、报纸与玩具箱等。同时,我们还引入了积木式模块化的概念,在 MIX BOX 的背面镶嵌了可取出的两种尺寸的 mini box 模块,居民可以根据自己的需求随时取出,拼装组合成不同尺寸的座椅,可灵活使用。

趣

我们的设想 🔍

基于"麻雀虽小,五脏俱全"的理念,可把阅读、涂鸦、种植集于一体,设计不同尺度的桌椅。

叠

积木式模块可供居民创造出宜休憩、宜玩乐的多样组合。创造出不同年龄层的所需空间,如工作台、座椅、书架、鞋柜、收纳柜、屏障等。

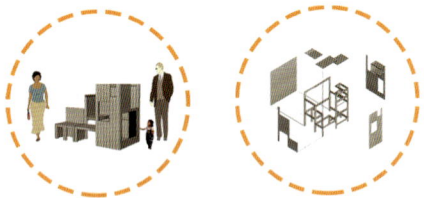

玩

社区的小孩在社区内没有其他的玩乐去处,我们需要创造一个空间,赋予一些有趣的东西,给他们一个垂直空间,也可以给一些年纪小的儿童创造钻洞空间,还设置有一块黑板给他们发挥自己的无限想象力。

 老少同乐 　　模块化 　　活跃的公共空间 　　阅读功能 　　 健康亲人 　　 社区心脏

尺度分析

基于场所中发生的行为,针对社区中的居民群体,结合人体尺度,我们进行木盒的结构分析,得出基本单元的尺寸:木盒的尺寸为 250mm × 250mm × 250mm,是儿童尺度的基本单位。木盒的尺寸基本单元也可作为基数叠加创造成年人适宜的尺寸。

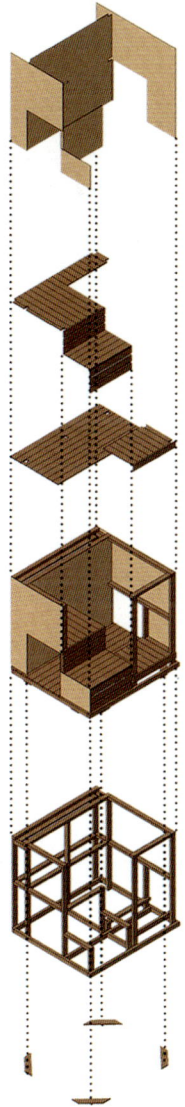

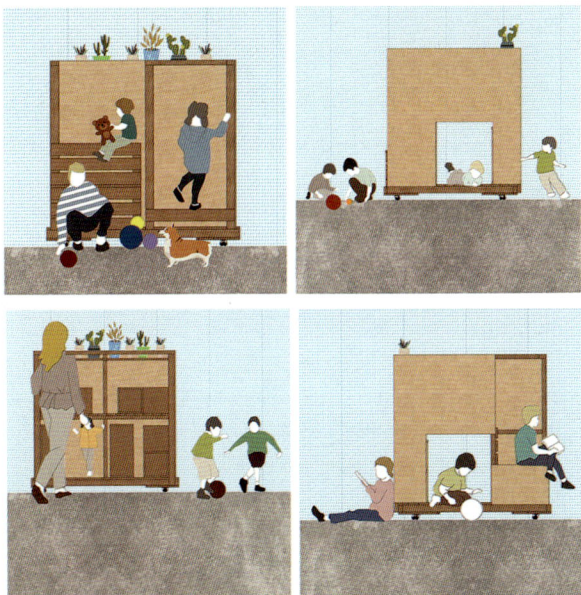

1300

1200

1400

FOR 儿童

相较于设计僵化的、由一块块塑胶地面拼接而成的场地，儿童更喜爱在相对自由、充满变化的场地之中游戏，包括矮墙、洞穴、隐蔽处、能爬行的空间等。

给儿童提供从各视角观察世界的机会，如俯视、仰视等。儿童喜欢向围栏外张望，喜欢窥视，故所营造的空间应满足儿童对于观察的愿望。

🔨 建造过程

在有限的时间里,我们带着设计图到社区与居民进行讨论,以收集可供改善方案的数据。确定了方案之后,我们就开始动手施工!

首先,为了将多样的功能组合在一个可以移动的家具中,其基本骨架是关键,需要考虑居民装载、移动、使用的承重等需求。MIX BOX 设计采取简单立方体框架,然后再进行个别部分需要的组装,同时也需要控制整个书箱车的重量。

虽然原本的设计图已回应了居民需求,但是在施工中仍需要进行部分的修正工作,使得整体样貌更为紧凑。

👓 居民使用反馈

MIX BOX

👄 意见

增加了社区的座椅，但给老人家使用的座位不够大，座椅后面高的平台比较危险，应改善。

引入这些有趣的东西对增加社区活力有帮助，但 MIX BOX 的味道太重，不适合小孩子长期玩耍。

儿童多了一个玩耍的地方，但木板容易被小孩子踩脏，应涂漆，表面光滑、易清洗。另外 MIX BOX 跟外面地坪的高差大，小孩子进出不方便（后已设置梯段改善）。

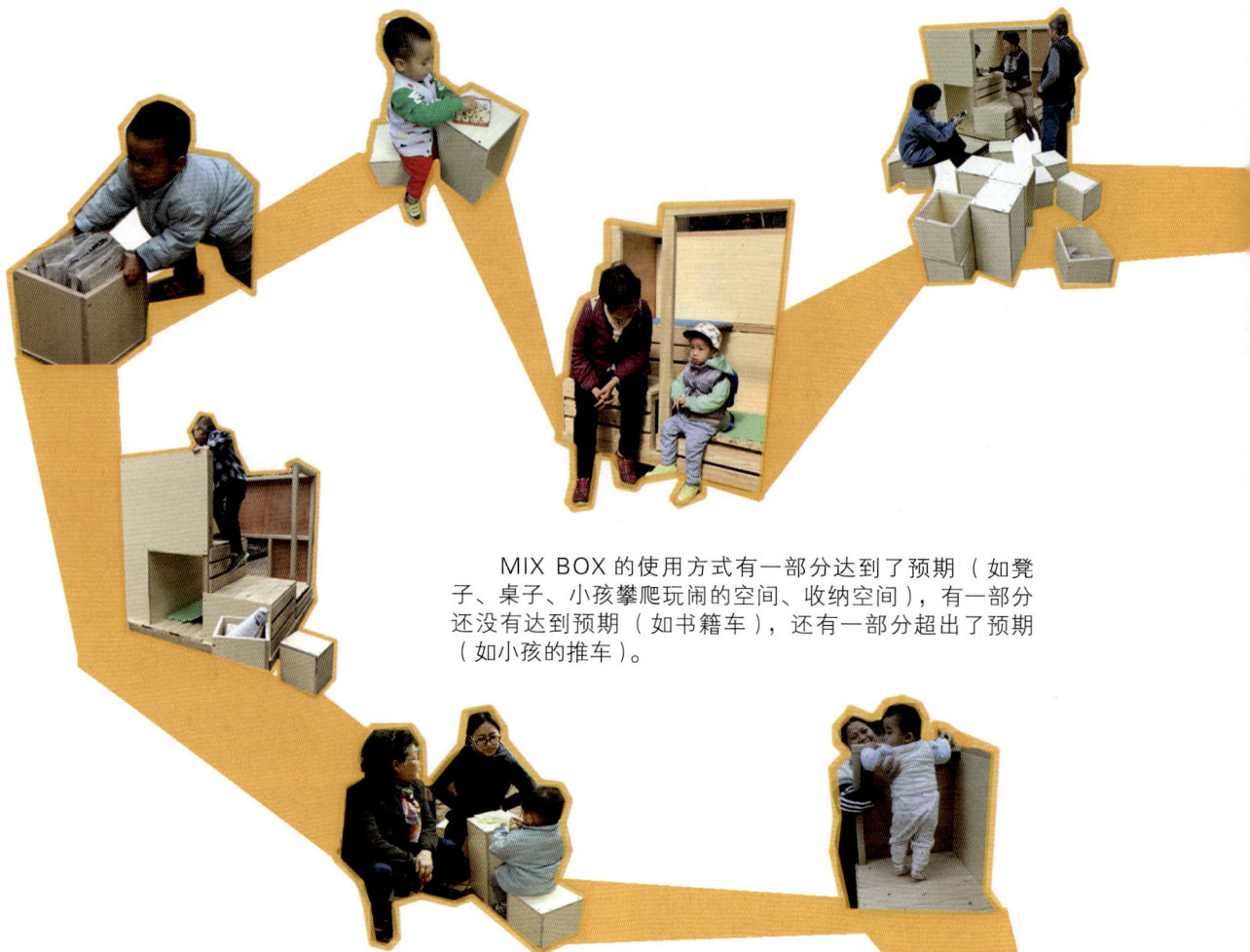

MIX BOX 的使用方式有一部分达到了预期（如凳子、桌子、小孩攀爬玩闹的空间、收纳空间），有一部分还没有达到预期（如书籍车），还有一部分超出了预期（如小孩的推车）。

装置置入后

在刚投入使用的这几天中，阳光、风与气温的巨大变化，让我们从不同视角对这块空间有了更多的认知。而诸如说话声、脚步声、欢笑声等声音的更迭，更成为这片场地充满活力的配乐。

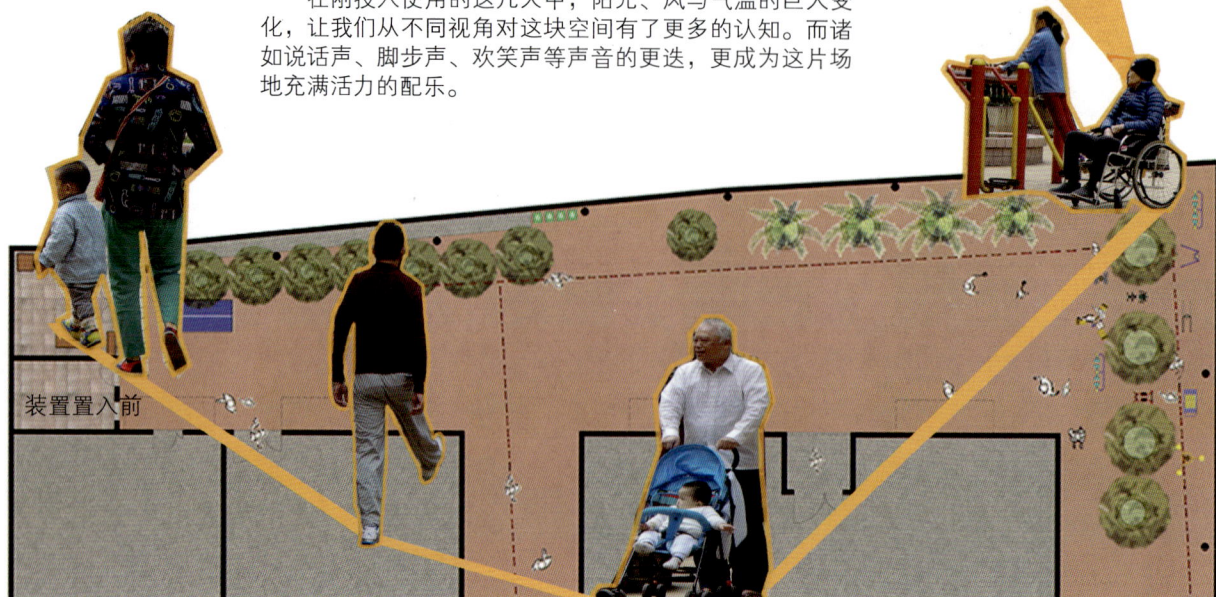

装置置入前

我们希望 MIX BOX 可以把"农林之家"与社区广场结成一个整体。MIX BOX 不只是一个活动的载体，同时也是一个机会，可以借机形成一个社区空间的经营与管理机制，可以将空荡的广场转变成为社区生活发生的场所。如此一来，MIX BOX 便起到营造社区幸福感的作用。

无论我们的出发点是什么，但最终，孩子、老人与社区才是真正定义 MIX BOX 的人。他们如何使用 MIX BOX，他们喜欢站上去还是坐上去，用来聊天还是用来看书，这些都推动我们进一步思考如何完善 MIX BOX 的设计。

林俊杰
Best or nothing.

邱东琦
这不是一个人类居所，而是一个具有与之相当的悠久与丰富历史的精神产物。

杨栋添
透过社区看设计。

林碧欣
一小点的改变，一大步的前进。

吴 悠
Mix is more. 希望每一次小小的尝试都能如同催化剂般激活整个社区。

曾伊琳
万物静默，但即使在蓄意的沉默之中也曾出现过新的开端、征兆和转折。

刘燕妮
设计快乐，快乐设计。

梁楚涛
改变别人的同时，也是在改变自己。

MIX BOX
小组感悟

陶举曦
生活是我的老师。

张 航
走向社会，从理论到实践，感受颇深。

李洪乐
一天到晚，无事不做，所向克捷，获益良多。

俞 圳
建筑是一个翻译过程。

7.4　垃圾桶先生组

前言

  你是否曾注意过城市里沿街分布的垃圾桶？你是否曾设想如果城市没有了垃圾桶会是什么样子？"垃圾桶"是我们组的研究对象，在社会中，垃圾回收是影响一个社区的卫生情况的重要因素。然而我们发现竹丝岗社区的龙珠大厦门前小广场没有垃圾桶，而且垃圾到处都是。一个小小的垃圾桶，它的布置、形态、大小，会对环境造成多大的影响呢？我们能否找寻到"垃圾桶先生"与环境和谐，与居民和谐共处的位置？下面就让我们的实验为大家讲述我们如何找到我们最优的"垃圾桶先生"。

垃圾桶先生组

王婉程　严晞彤　王立珺　郑巧萱　江晓琳　安涤枫　韦斯奋　王金宣

场地环境

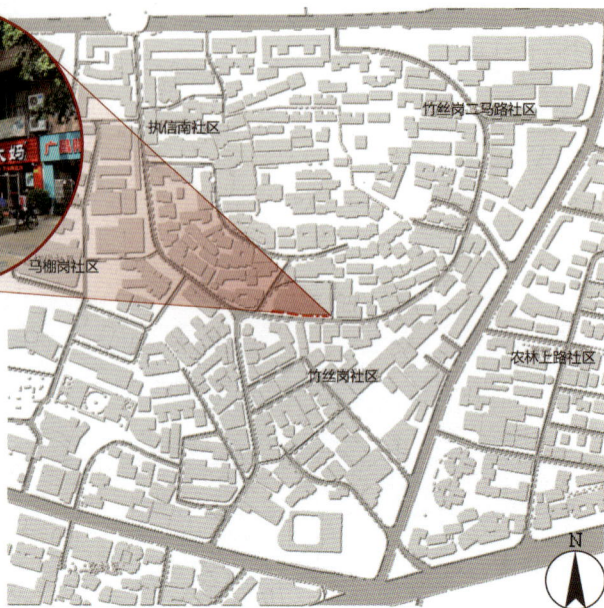

我们的场地处于竹丝岗社区龙珠大厦门前，临街是众多的商铺，其中人流量最大的是钱大妈（肉菜超市）以及广昌隆商场，早晨和傍晚是人流高峰期，主要人群为买菜的周边居民，人群年龄段普遍为中老年人，他们偶尔会在这条街上闲谈、休息、晒太阳。

场地现状

路人
路人会把手上的垃圾随手扔在花坛里。

裕丰地产
裕丰地产以男员工为主。他们休息时间会在门外吸烟，因此会产生很多烟头。

钱大妈（肉菜超市）
主要顾客为附近居民，大多数是中年人。这里主要产生食品类垃圾以及购物的小票。

广昌隆商场
广昌隆商场是一间大型超市。该商场的主要顾客为附近居民，大多数是中年人。这里主要产生食品类垃圾以及购物的小票。

废品回收
回收废品的人会把回收得来的物品堆积在花坛上整理，影响了花坛的卫生。

吸烟人群
吸烟的男士会在裕丰地产门口及附近花坛遗留烟头。

垃圾堆积
在钱大妈肉菜超市购买完东西后有人将小票或者多余的菜叶随地乱丢。

垃圾堆积
在广昌隆商场买完东西后有人将小票和果皮随地乱丢。

广昌隆商场门前
商场会把垃圾桶放在门前，以方便清理门口垃圾，却吸引路人丢弃垃圾，使其附近地面满布果皮、小票、饮料瓶等。

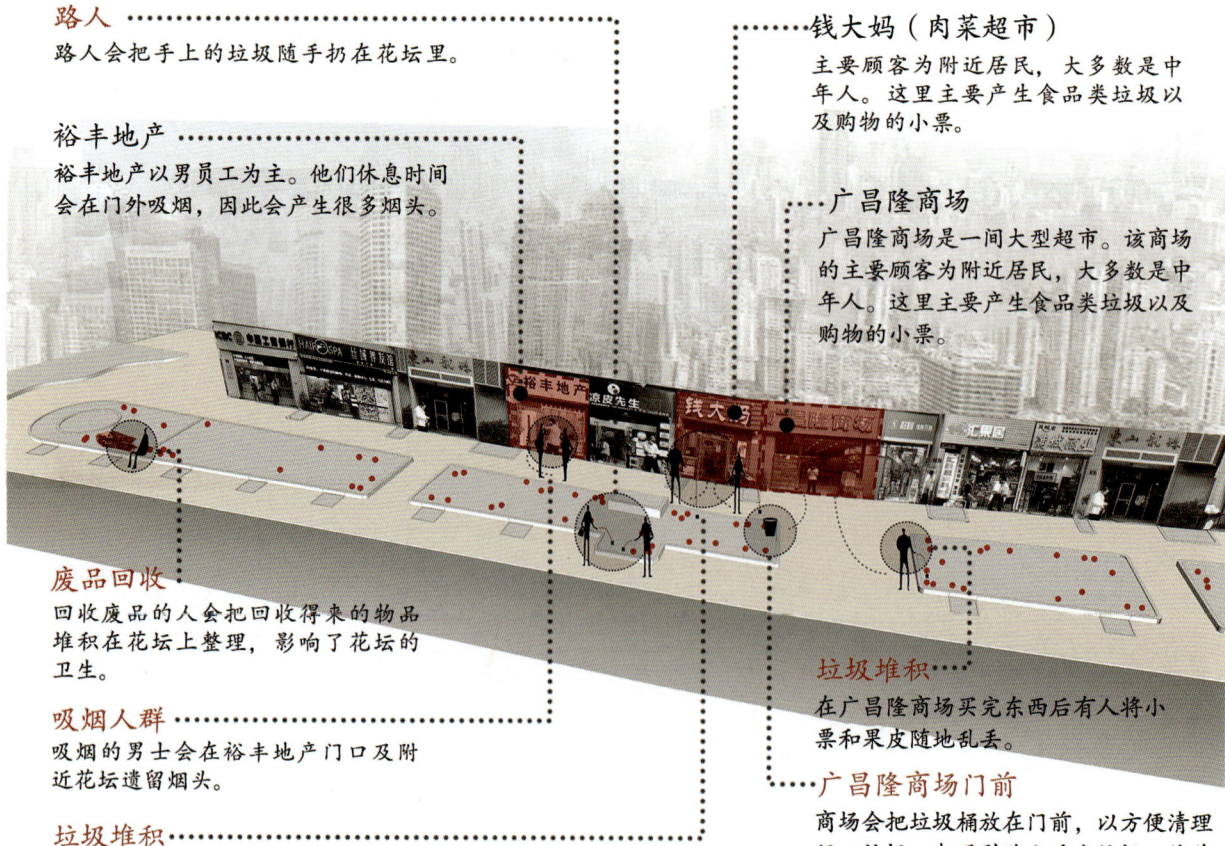

观察

发现	高度不舒适	制作了木板凳	重新发现
有人坐在花坛边	意图创造一个舒适的公共交流空间	物业管理人员要求我们撤走	

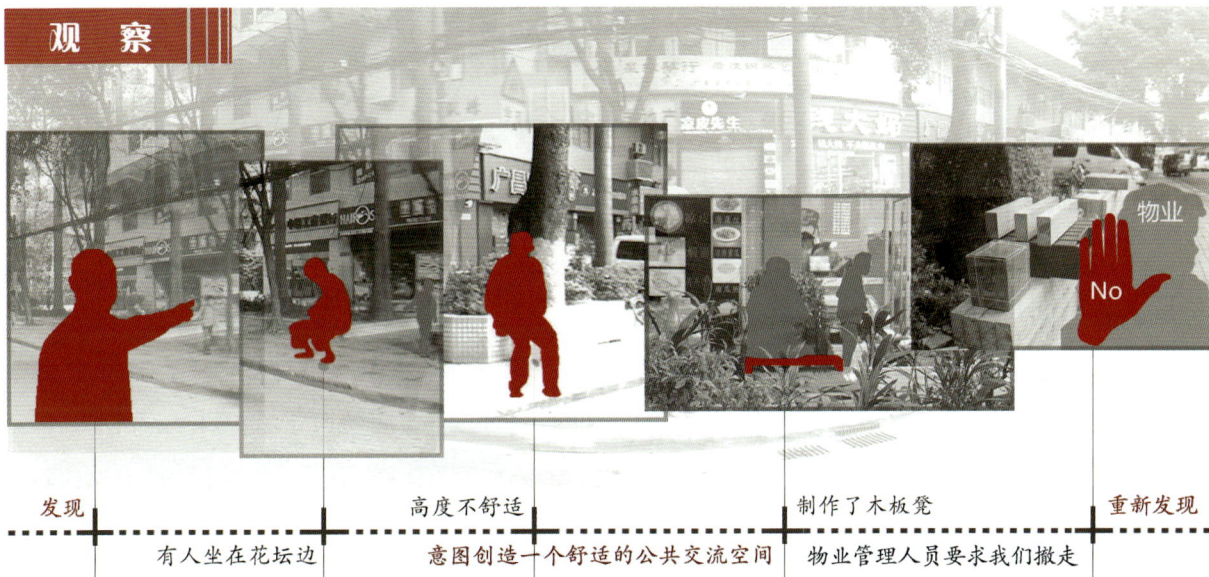

当我们把座椅的试样放在现场时，物业管理人员要我们撤走。我们重新思考了这片场地，提出了两个问题：**为什么这片花坛会堆积垃圾？ 为什么这块场地没有设置垃圾桶？** 围绕着这两个问题我们展开了一系列的调查和实验。

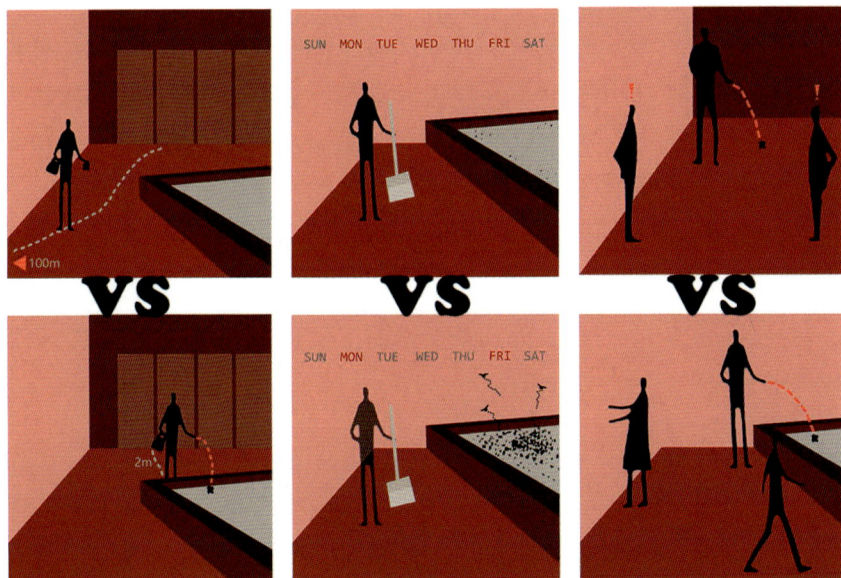

经过我们的观察发现，这片花坛堆积垃圾的原因有以下三点：

（1）花坛附近没有设置垃圾桶，丢垃圾要走到居民楼后面的垃圾堆积点。

（2）环卫工人打扫花坛的次数是一个星期两次。

（3）垃圾隐藏在花坛的灌木中，不易被发现。

实验

实验前期工作

我们组相对于其他组并没有做出实体的东西以观后效，而是希望通过实验探究场地垃圾的来源，了解各类因素对于垃圾桶成效的影响，以期为场地的管理者提出合理的建议，从而改善场地环境的卫生问题。

通过采访这片区域的环卫工人，我们得知该栋大厦是由物业负责把垃圾收集至统一的垃圾房，而社区的其他区域，都有设置定时定点的垃圾投放点，垃圾投放点都设置了垃圾桶。由于这栋大厦有独立的垃圾收集体系，因此这整条街都没有设置垃圾桶。

这块场地的清扫频率也与其他街道有所区别：其他区域的街道是分段由各个环卫工人清扫，而这条街道的卫生管理则是由街道和物业共同负责。

发现

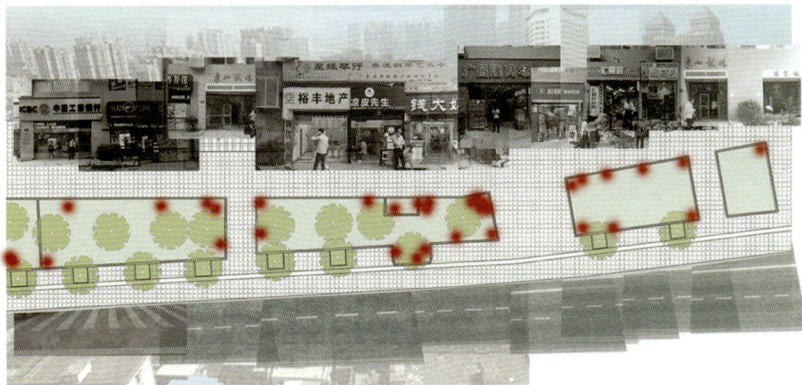

实验内容：对花坛这块场地进行重新审视，对花坛的垃圾堆积问题进行初步探索，通过一天中三个不同的时段对花坛里堆积的垃圾进行标记。

实验结果：场地附近没有设置垃圾桶，花坛垃圾堆积问题严重的主要时段为早上 9：00—12：00 与下午 15：00—18：00，这两个时段皆为上下班、买菜购物的出行高峰期。

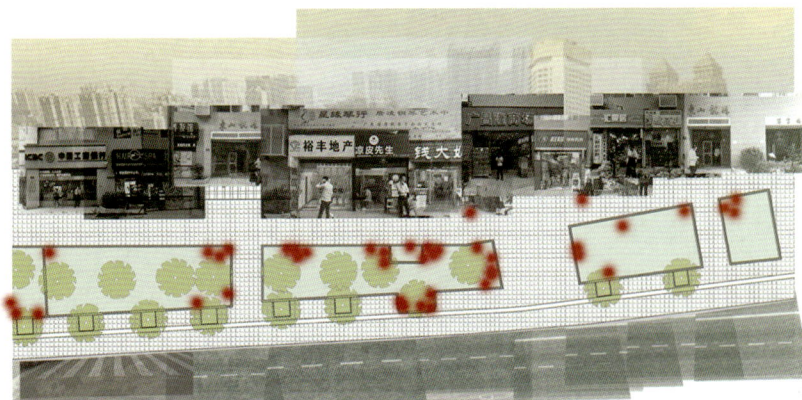

2017.11.20

实验内容：在发现花坛垃圾堆积问题之后，对垃圾的源头与垃圾的聚集点进行实验分析，同时记录下丢垃圾的行人的路径轨迹。

深入

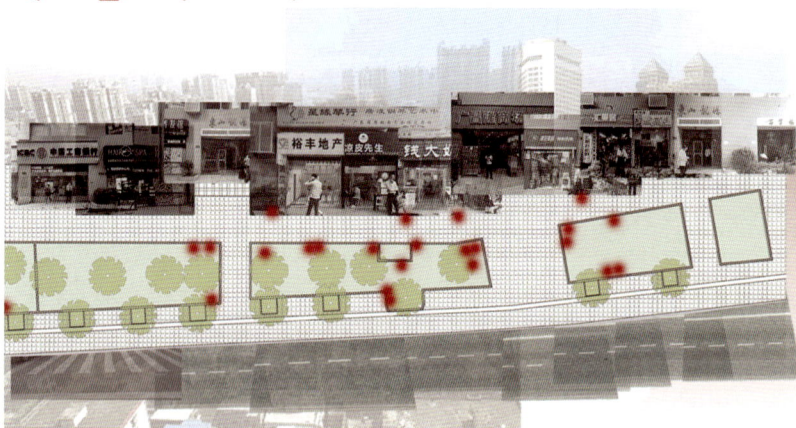

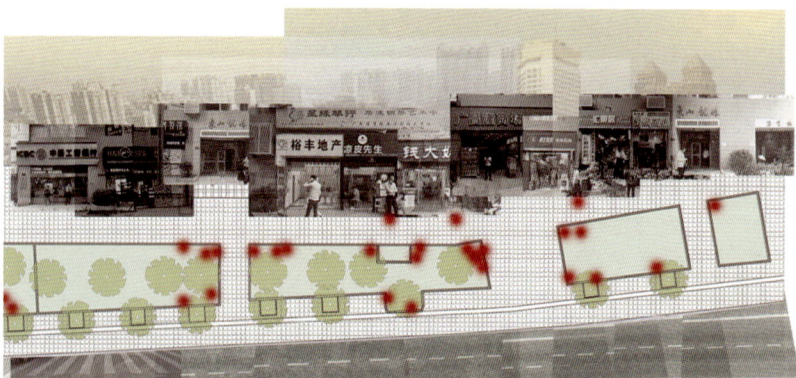

实验结果：花坛里的垃圾主要是来自从钱大妈与广昌隆商场购物出来的顾客，他们随意把小票、包装袋等垃圾丢进花坛里，这种行为并不是偶然的，而是每天都会重复发生的，于是花坛的垃圾在清扫力度有限的情况下便会发生堆积。

实验内容：通过问卷以及实验观察，得到垃圾堆积较为严重的三个地点，在每个地点放置两个开口形式不同的垃圾桶，观察在垃圾桶介入之后，丢弃垃圾的行为是否有所改善。

放置

实验结果：三个地点的垃圾桶都收集到较多的垃圾，随意丢弃在花坛中的垃圾量大幅减少，人们对放置垃圾桶的回应普遍积极。

实验总结

通过实验，我们得到三处地方的垃圾种类主要包括烟头、废纸、生活垃圾、果皮、菜梗菜叶以及购物小票。

据问卷调查，有12%的居民建议在大厦出入口附近设置垃圾桶。

据问卷调查，有30.3%的居民建议在广昌隆商城门口附近设置垃圾桶。

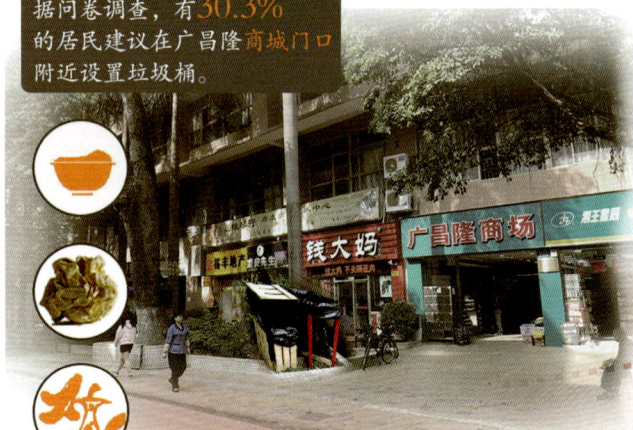

据问卷调查，有16.6%的居民建议在钱大妈附近设置垃圾桶。

我们通过实验数据能够得到设置垃圾桶的较优地点，因地制宜地设置垃圾桶的容量与形式，如上开口的垃圾桶应设置在远离商铺并且靠近外街的位置，而侧开口的垃圾桶则应设置在内街的人流高峰点，这能够给当地物业提供一些参考意见。

垃圾分类

有害垃圾 Hazardous Waste

包括电池、荧光灯管、灯泡、水银温度计、油漆桶、部分家电、过期药品及其容器、过期化妆品等。

这些垃圾一般使用单独回收或填埋处理。

其他垃圾 Residual Waste

包括砖瓦陶瓷、渣土、卫生间废纸、纸巾等难以回收的废弃物及果壳、尘土。

对其他垃圾采取卫生填埋可有效减少对地下水、地表水、土壤及空气的污染。

可回收物 Recyclable

主要包括废纸、塑料、玻璃、金属和布料五大类。

这些垃圾通过综合处理回收利用，可以减少污染，节省资源。

厨余垃圾 Food Waste

包括剩菜剩饭、骨头、菜根菜叶、果皮等食品类废物。

经生物技术就地处理堆肥，每吨厨余垃圾可生产 0.6～0.7 吨有机肥料。

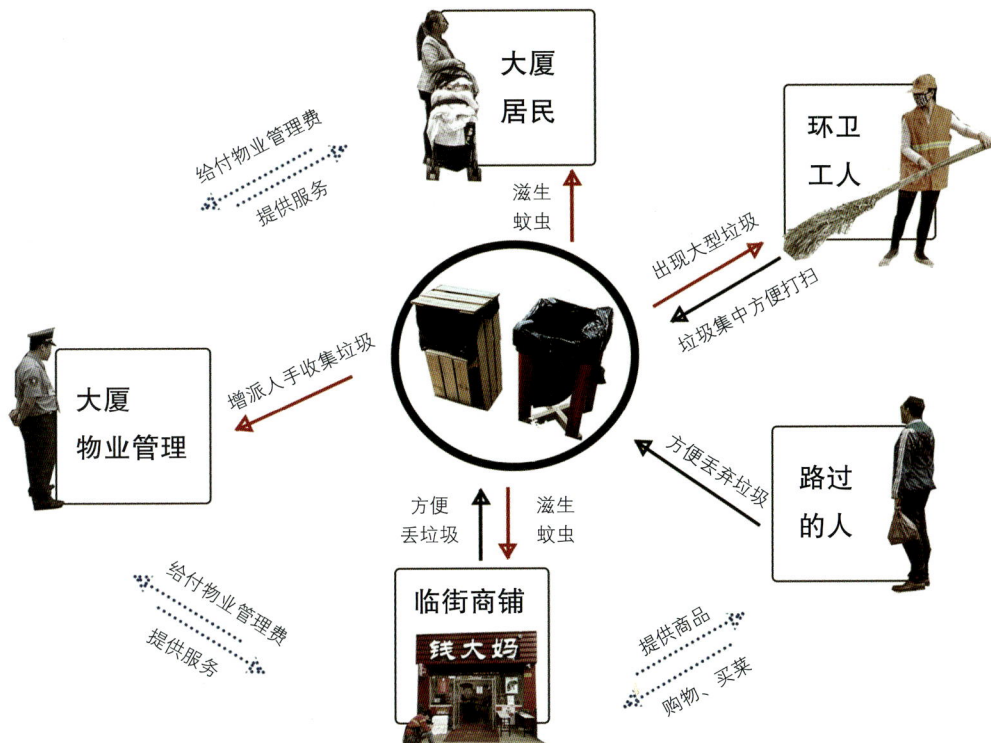

我们这次实验仅仅是把这块花坛作为一个试点，这个实验的模式不会局限于此，可以扩展到整个社区、整个越秀区、整个广州，甚至更广，极具研究潜力。希望借此工作坊的实验机会能让人们意识到垃圾处理问题的严峻性与其中的趣味性，鼓励大家动起手来，去实践，去记录，去探索，共同为解决当今世界环境问题而努力！

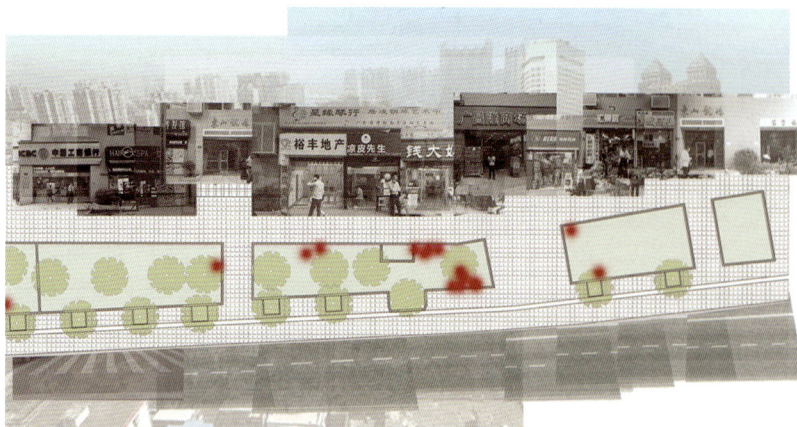

实验内容：我们把放置的垃圾桶撤走，以观察人们对实验后的垃圾丢弃行为习惯是否受到垃圾桶介入的影响。

回收

实验结果：人们把垃圾丢进花坛的行为仍然出现，但是在之前放置垃圾桶的地点堆积较为集中。

2017.12.02

实验内容：在实验影响期之后，观察人们丢垃圾的行为是否有所改变，标记垃圾在花坛堆积的情况。

广昌隆商场

对比

实验结果：乱丢垃圾的行为情况回到实验之前的"发现"期，以此证明在"放置"垃圾桶的期间，垃圾桶对乱丢垃圾的行为是有所影响的，能够改变乱堆垃圾的现象，能够使垃圾聚集在方便处理的地方，而非分散地被丢弃在花坛的各个角落。

小组感悟

王婉程
坚持才能找到人生真谛。

江晓琳
从现在开始。

严晞彤
看似不合理的设计背后也许都有一些合理的原因。

安涤枫
路途很远，思绪更远。

王立珺
发现、探索、研究。

韦斯奋
建筑是一种社会艺术。

郑巧萱
这里，是一种心灵的状态，是一种独特的风格习惯和情感丰富的场域。

王金宣
通过工作坊我收获良多，其中可贵的是关于做设计的初衷、思路，以及方法上的东西。

社区中，混乱常常是自发的，
每一个居民的行为汇集起来，
形成一幅不加整理的社区图景。
设计并非单纯设计物件，
在广州市东山口马棚岗社区马棚北街，隐形设计介入街道整理中，
在不干扰多数人日常活动情况下，
开始了空间释放与自整理运动。
隐形设计如同一幕演出的幕后的布景或是导演的角色，
适当地调整与暗示引导居民的行为。
"演员"随着我们的剧本调整着生活的轨迹，
自整理的行为悄然上演，
幕后操手是我们的隐形的剧本在"舞台"上演出，
"舞台"上的演出令人愉悦。

[街道整理术]

马棚岗社区营造

[隱形設計]

隐形设计组

王露霏 覃雅园 陈添赐 贺笑雪 莫庆珊 吉儒刚 王运泽

◎ 选址背景

　　本小组此次社区营造的地点位于广州市东山口马棚岗社区马棚北街。马棚北街南端连接执信南路，北端是中山大学附属第一医院后门。

　　街旁的住户多为租户，街边商户和小摊贩也多为外地人。店铺类型有街头理发店、修鞋摊、废品摊、早餐店、修理店、水果店等。

　　街旁虽设置有休息凉亭和具座椅用途的树墩，但休息凉亭变成了晾衣凉亭，树墩也因表面积满泥污无人使用。来往的人们除了与商户和摊贩有短暂的交流外，少有人停留，街道略显冷清。

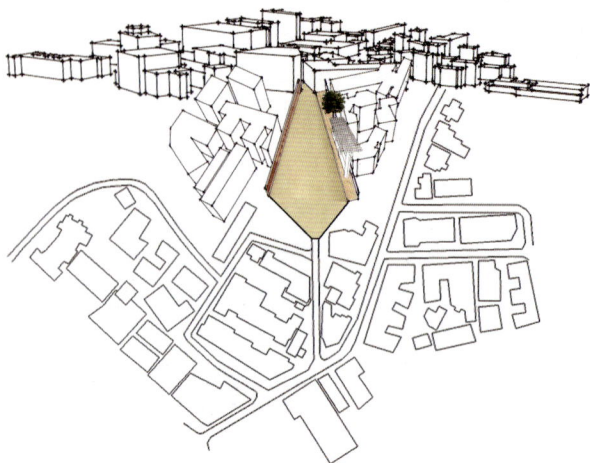

中山大学第一附属医院

1m 3m
2m 4m

电房

水果店
杂货铺
居民楼
修理店

早餐铺

理发 修鞋
居民楼

△ 少年人群
▲ 往医院方向
▲ 往执信南路方向

□ 青年人群
■ 往医院方向
■ 往执信南路方向

○ 中年人群
● 往医院方向
● 往执信南路方向

◇ 老年人群
◆ 往医院方向
◆ 往执信南路方向

居民楼

晾衣亭

马棚北街

居民楼

居民楼

一切车辆禁止入内

马棚北街

小卖部 值班室

康乐设施

理发店

居民楼

竹林之家
（麻将凉亭）

早餐快餐

往执信南路

马棚北街平面图1:500

观察时段：上午8:00—12:00

经过对人群的观察与统计，得知老年人与未成年人在马棚北街的活动较少，体现老年关怀与儿童趣味的设计不一定是重点；中年人与青年人居多，其中有患者家属、医院职工、附近居民、患者、建筑工人、房东等。

🔍 观察

摆满附近居民家里不用了的椅子的凉亭、晒满被单和大人小孩花花绿绿的衣服的花架亭，街头理发店、修理店、废品摊、早餐店、水果店等，汽车停在狭窄的马路上，共享单车堆积在医院门口和人行道上，短租房广告随处可见……仅100米长的马棚北街上能看到不少充满生活痕迹的场景，这里住了不少居民，而他们的生活方式不尽相同。

🔍 发现

修鞋匠伍爷爷

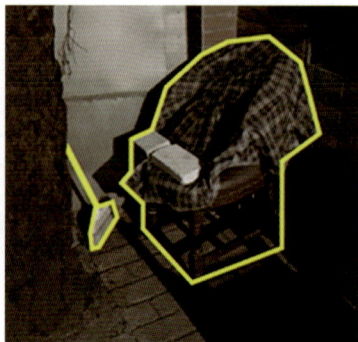

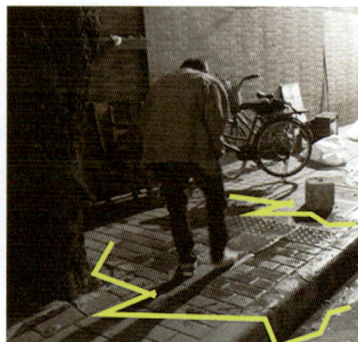

修鞋匠伍爷爷每天来了后，先把工具拿出来摆放在地上，因为工具太多，路面不免显得有些杂乱。

伍爷爷说想要一个宽 1 米、高 1.2 米的铁皮箱来收纳自己的工具，还要配上锁，但城管会过来没收。

伍爷爷收摊后把一部分工具放在树后的椅子上，盖上雨伞布用砖压好，用水打扫自己的摊位，再骑行 40 多分钟回家。

理发阿姨

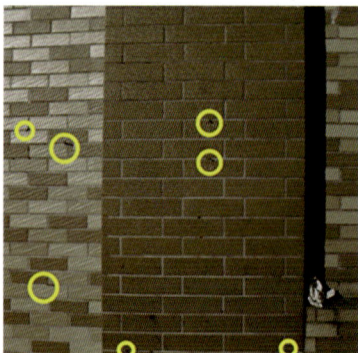

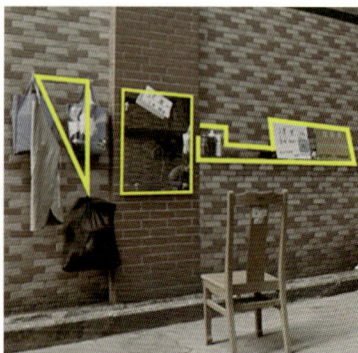

理发阿姨想拥有放工具的桌子，可城管不允许，担心桌子占用街道影响行人。于是理发阿姨在围墙上钉钉子，把剪发和染发工具放在不同的袋子里并挂在墙上，常用的工具摆在围墙凹处。

收废品阿姨

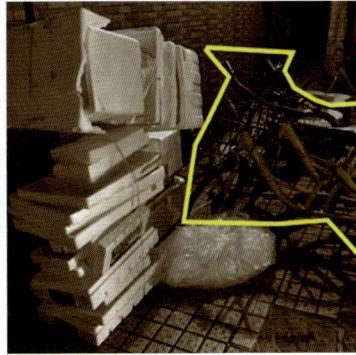

收废品阿姨打开遮阳伞会有很多人过来乘凉或避雨，水泥树墩原本是花坛，日久无人管理，后被居委会用水泥填平，变成了阿姨整理废品的工作台和餐桌。阿姨每天都会清洁水泥树墩，也有不少人会在这里休憩。

收废品阿姨的废品有时放在树墩上，每天早上她都要挪开共享单车腾出整理废品的空间，白天不管废品多乱，到晚上阿姨都会整理好运走。

后来居委会禁止阿姨使用水泥树墩放废品，阿姨也不再清洁，久而久之，水泥树墩变得越来越脏，没人愿意在水泥树墩上闲坐休憩。

竹林之家（麻将亭）

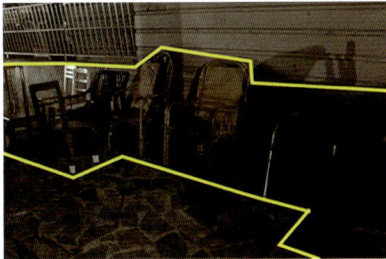

曾经的麻将亭因麻将输赢钱纠纷而"歇业"。如今麻将亭的麻将桌用链条锁起，禁止移动，还摆放许多医院的旧凳子。麻将亭没有石凳的一边空间宽敞，椅子较多，位置固定，有石凳的一边空间狭窄，椅子少，摆放随意。

凉亭

曾经的凉亭本应爬满花草，供人纳凉。后来，凉亭旁的一楼租户阳台潮湿阴暗，因此凉亭成了租户晾衣的场所，衣服、内衣、被单，各种颜色的衣被排列在花架上，取代了原本的花草。

✒ 隐形设计

　　既然实物的添加可能给街头摊贩带来麻烦，那有没有一种设计，既能对摊贩有用，又能美化环境，活化街道空间呢？隐形设计或许是方法之一。

　　隐形设计在一定程度上隐蔽设计的存在感，但又能引导人们或事物进入设计师的"圈套"中，通过合理的标识、引导、提示、配合、熟悉等不断试验与调整，渐进达到理想的设计效果。隐形设计介入居民生活，引导居民行为轨迹到整理行为中，活化社区，改善居民的生活环境。

　　整理对象：①麻将亭椅子；②凉亭衣被；③摊贩摊位和工具；④共享单车。

椅子整理

● 闲置　● 休息　● 用餐

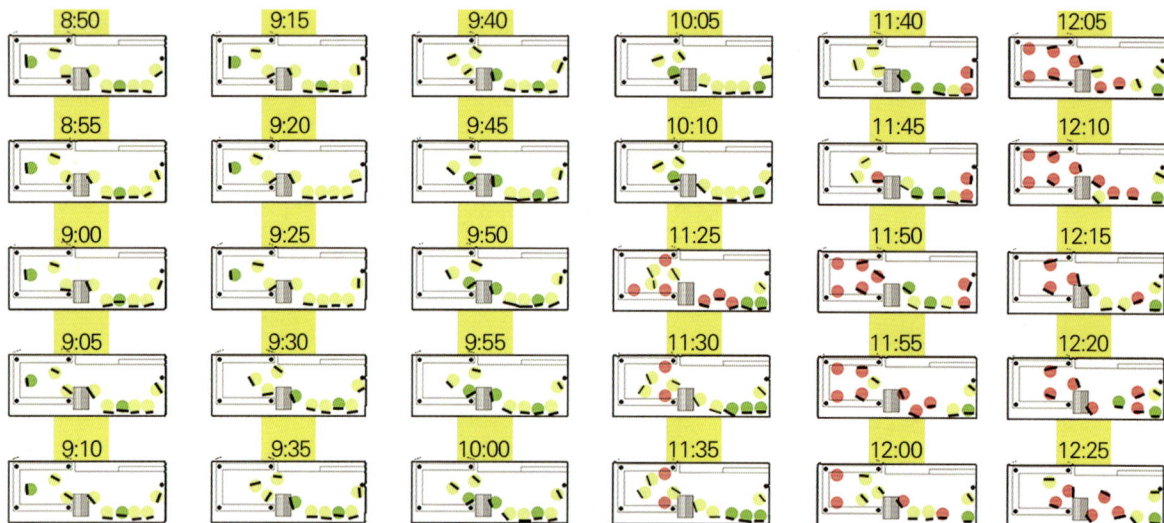

　　椅子的摆放和朝向与使用者行为相关：就座时偏好某一处景致而调整椅子朝向和位置；休息时用另一椅子搭脚；吃盒饭时用另一椅子当饭桌。经调查，马棚岗社区居民更偏好暖和的木椅而非亭子自有的石椅。

　　将不同椅子用不同颜色在椅脚处标记，并在地面做相应颜色标记，斜向摆放，归位时对色入位，以此整理。

　　一天后，椅子并未按实验预想摆放，实验遭到小卖部老板阻挠，地面标记被除去，整理失败。

⚡ 单车整理

2016 年年底，共享单车在各大城市兴起，在给人们出行带来便利的同时，也成了社区空间的侵略者，给人们带来困扰。

对于这块区域的整理，我们从共享单车入手，不仅以隐形设计对其进行整理，而且释放了摊贩们被侵占的空间，活化三个摊贩形成的场域。

整理对象场地，树桩形成障碍，车位缺乏引导，摆放混乱，占用摊贩场地。

自行车数量饱和，车位缺乏引导。

测试一：清空测试 ///////////////////////////

通过对原停车位的清空，了解共享单车使用者的自然停车意向、摆放方式、容量需求等，为新车位的设计提供依据。

晚上 8 点，将树桩旁共 16 辆共享单车转移至职工公寓旁的人行道。在树桩处放置 3 张从麻将亭带来的椅子"占领"场地。

点状停车位区，车位缺乏引导，自行车数量饱和，摆放混乱。

翌日早 7 点，共 12 辆共享单车能整齐摆放，几近饱和。8 点后共 20 辆共享单车停放，树桩旁的单车停放最为混乱。

锁车杆偏向保管功能，整理作用效果差。

整理五要素：①条形车位；②较少障碍；③适当引导；④场所就近；⑤习惯养成。

地面铺装以颜色，适当尺寸，引导停车。

条状停车位，利用地面砖中的盲道区分出停车位进行引导。

条状停车位，整齐，社区志愿者是单车整理的一份子。

✎ 摆摊测试

共享单车转移到马路边是否会触碰城市管理的底线？摆摊测试则是对管理力度进行测试，观察是否被注意、驱赶。

经过近一天的摆摊，摊位引起城管的注意但并未被驱赶。通过对城管、医院保安、公寓保安进行观察和访问，我们分析出构想的新停车位具有可行性。

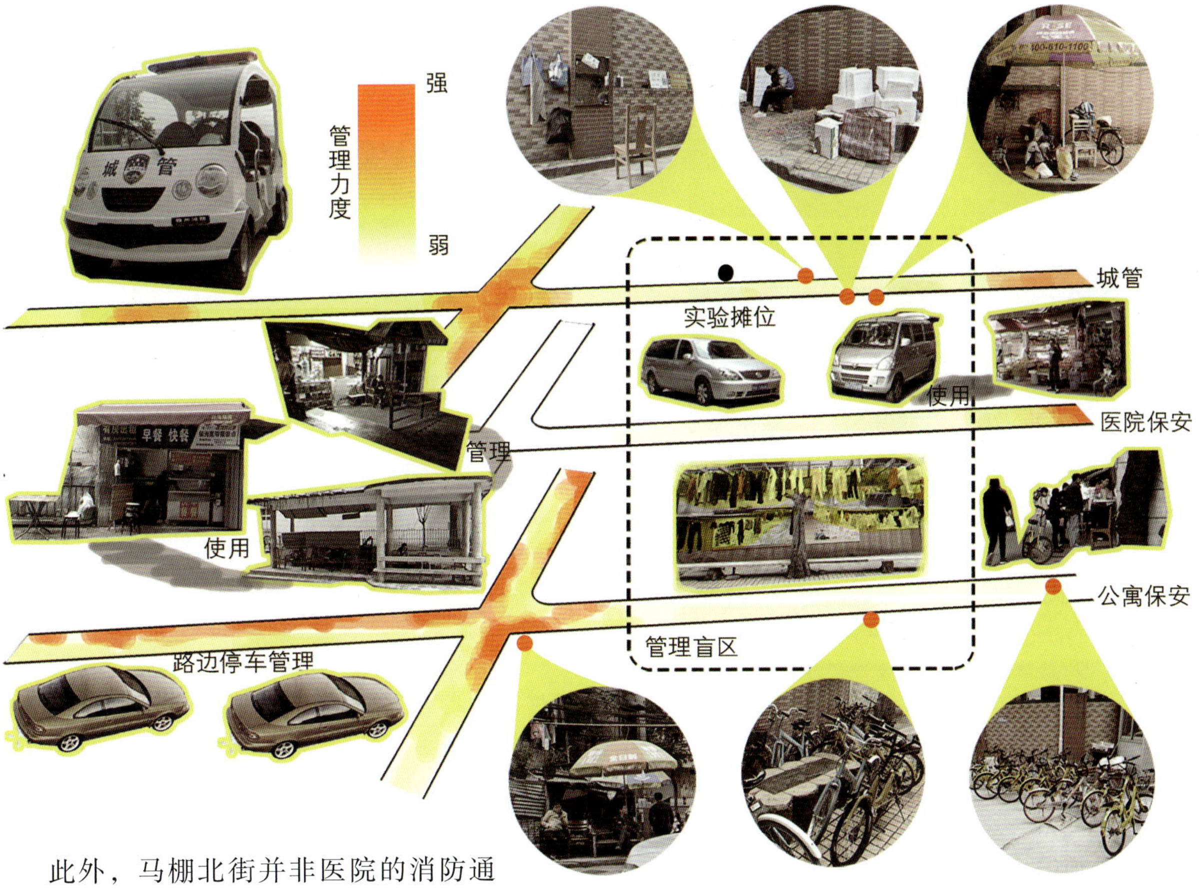

管理力度

强

弱

实验摊位

城管

使用

医院保安

管理

使用

公寓保安

路边停车管理

管理盲区

此外，马棚北街并非医院的消防通道，且电闸门已坏，只有小型车辆可进入，共享单车新车位不影响汽车通过。

正式实验

实验前一晚 11 点，在原停车场地对面的马路边做上停车位的黄色斜线标记，并将车辆移至新车位上。

⚡ 实验结果

布置好黄色斜线后，共享单车的使用者开始按照实验预期结果，将车停入单车位内。

第二天，几乎所有的共享单车都停在我们所画的黄色斜线车位上，较为整齐，并未特别影响道路使用。当日最高自行车容量为 25 辆，与实验前相同。

原来作为停车位的人行道上不再停放共享单车，宽敞的空间可供摊贩们使用，摊位不再被侵占。

有时汽车占领部分单车位，导致原来设置的共享单车可停车范围缩减，因而单车向前摆放，侵占了理发摊位的位置。

单车整理实验仍有部分未完成的构想实验

用标识颜色与单车颜色相对应进行整理；对车位的不同形式进行整理；停车区域以及非停车区域的边界控制等。

> 66 什么时候一堆车停在这里了？不管了，停进去先。99

> 66 好是挺好的，但是这样挡住路不太好吧？下雨的话贴纸就没了，我在这住了20年，我感觉这个会被居委会撤走。99

> 66 我怎么记得车原来不是停在这里的？还不错啊！可8个车位怎么够呢？这地上的贴纸有点松啊⋯⋯ 99

　　我们询问租客可否让我们帮忙他们整理衣被。租客表示同意也表示很好奇我们如何整理。经过一番"行为艺术后"，租客们从交谈之中听到了"整理"一词，也开始思考晾衣整理这一行为，并反映在之后每天晾衣的行为中。

✎ 摊位整理

移动摊贩因为城管和居委会对街道的管制，使得他们对自己的工具和用品具有整理的意识。他们的整理是对活动范围的整理，范围内的工具摆放比较杂乱。在征得摊贩们的同意之后，我们将他们工作范围内的工具用一种刻意的方式夸张化地进行整理。

街头理发摊位整理

收废品摊位整理

修鞋摊位整理

水泥树墩整理

经过对共享单车和摊位的整理，水泥树墩的存在慢慢被人注意，甚至有过路人会小声地说："咦？这里原来有这个东西的吗？"

经过整理之后，我们思考如何触发人们主动使用这个空间。如何让这个空间恢复它原本的功能。如何使人们自发地激活空间的活力。

经过对共享单车的整理后，水泥树墩的存在重新被人发现。我们在此布置了桌椅以突出水泥树墩的功能。

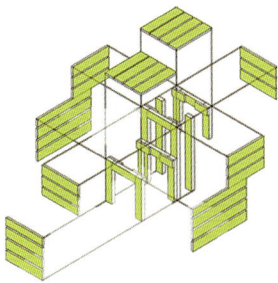

♡ 小组感悟

王露霏

为期两周的工作坊，很多的时间都在马棚北街调研。居民从最初的怀疑，到后来我们离开时笑着问我们"还再来吗？"的亲近令我印象深刻。这是我第一次尝试与陌生人建立联系，原来并没有想象中那么难。

覃雅园

我们所选的是一条犹如放学回家经过的一条不起眼的小巷子，若不是此次深入发掘，拂开其灰扑扑的表面，很难会留意到掩在下面斑斓的故事。那两周中，多数时候是迷茫的，不知如何梳理，不知效果如何。直至最后回访时才发现我们所做的事情的影响远比想象中大。

陈添赐

看不见的设计才更有力量，悄无声息地影响着居民。简单而朴实的设计既不会引起居民的反感，同时又提高了居民生活质量。

贺笑雪

通过这次工作坊，我受益匪浅。首先我认识到做设计最重要的就是要满足人们的使用需求，这就要求我们了解当地居民的生活情况和实际需求。此外，我学到了设计的其他方法。设计不仅仅是实物的设计，也可以是一种隐形的引导设计，这丰富了我以后的设计思路。

莫庆珊

一条窄窄的街道，一群平凡的人。去倾听一段段故事，在小摊贩和居民对街道的熟悉之中，隐藏着他们生活的智慧。细细地观察和品味生活，才会发现在"平凡"的掩盖下，暗藏着的许多生机活力正在涌动。将设计隐藏在每一次的交流中，在千丝万缕的联系里。把设计还给使用者，让他们赋予街道鲜活生命。在混乱中寻找联系，在实践中寻求答案。这些更需学会向平凡的人学习。

吉儒刚

第一次来到马棚北街，就被凉亭、街头理发店与鞋匠等所吸引，短短百米左右的街道，却展现了社区生活的百态。从工作坊开始的迷茫，到经过导师指点和小组的行动实验后逐渐明朗，短短两周，每天都十分不同，从无到有，到产生影响，隐形设计在社区中展现着它整理的魔力。

王运泽

起初对于工作坊抱着学习的心态，每个人都兴致勃勃，然而遇到很多问题后大家都有些受挫。但是团队的力量最终还是让我们凝聚在一起，也使我们了解到，做设计要考虑到受众的需要，沟通才是解决问题的方法。实践也占据着不可动摇的地位，只有设身处地才能真正地了解受众的所需。

第8章 "竹丝岗公众参与"工作坊

社区寄语

公众参与

社区是我家，建设靠大家。

社区是大家，帮助你我他。

用我们的爱心和双手，共建温馨美好的家园。

8.1 秘密花园组

寻宝游戏

秘密花园组

谭涵丹　程子轩　谢振东　肖　晗　李硕勋　谭胡莹
胡　蝶　张　悦　黄俊鹏　许鼎晟　林　铎　宋圣栋

带你探索社区里你没有去过的秘密花园！

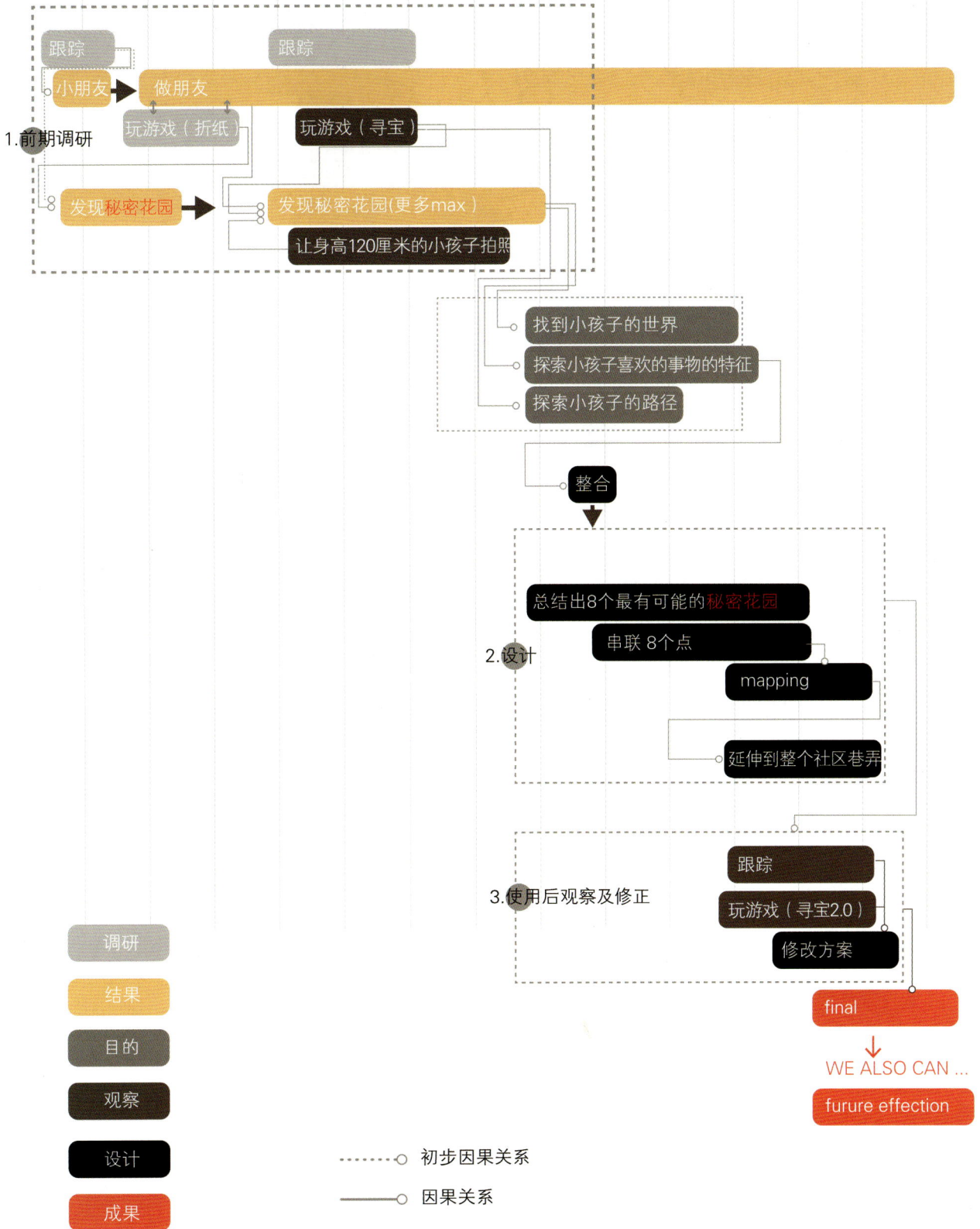

1 2 3 4 5 6 7 8 9 10 11 12 13 14

1.前期调研

跟踪
小朋友 → 做朋友
玩游戏（折纸）
跟踪
玩游戏（寻宝）
发现秘密花园 → 发现秘密花园(更多max）
让身高120厘米的小孩子拍照

找到小孩子的世界
探索小孩子喜欢的事物的特征
探索小孩子的路径

整合

2.设计

总结出8个最有可能的秘密花园
串联 8个点
mapping
延伸到整个社区巷弄

3.使用后观察及修正

跟踪
玩游戏（寻宝2.0）
修改方案

final
↓
WE ALSO CAN …
furure effection

调研
结果
目的
观察
设计
成果

┈┈┈○ 初步因果关系
───○ 因果关系

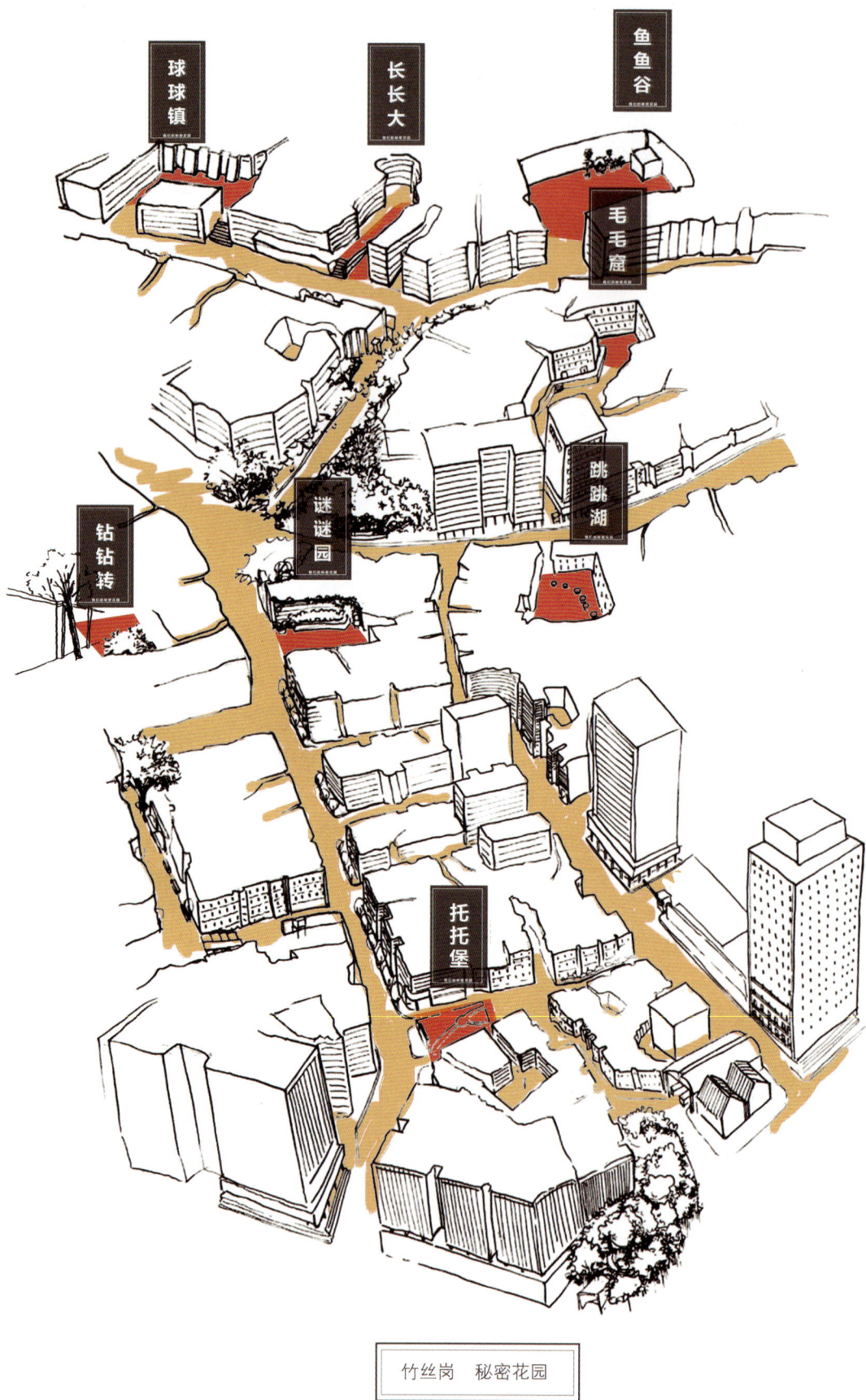

球球镇

长长大

鱼鱼谷

毛毛窟

钻钻转

谜谜园

跳跳湖

托托堡

竹丝岗　秘密花园

Day1　调研跟踪居民的一天，我们找到了我们小组在社区中的切入点。

对于城市而言，人对于土地的感情根植于城市给予他们的想象与使用，这些想象和使用的沉积最终勾勒出人对于社区和城市的感情与记忆。

而作为城市的一部分，童年是人对于城市记忆的开始。

竹丝岗社区儿童户外活动图

"不安全"

"没地方"

"没时间"

"白天太热"

"不好玩"

"没朋友"

……　……

这是大人对于竹丝岗社区街道空间的看法，因此社区中的儿童群体的高频活动场地大都在社区之外。

在年幼的时候，好奇心和旺盛的精力让我们愿意和伙伴一起在社区的各个角落小道中穿梭玩耍。随着社会的发展，这样的探索游戏受到越来越多的限制。越来越趋于统一和模式化的城市规划和建筑景观设计，越来越宽的马路和被严重压缩的人行空间，使得城市变得"危机四伏"。孩子逐渐失去了他们最安全的游乐场所，从而减少了对于户外空间的探索欲望。

我们在一天的观察中发现了这些问题，我们是否能用温柔的设计，去丰富儿童群体对于城市记忆的雏形？面对真实的世界，是否能在很小的切入点进行改造，去温暖这个社会呢？于是我们进行了接下来的工作，想以此作为切入点来为竹丝岗社区带来一些小小的改变。

Day2~4　调研

　　想要了解儿童，首先要把自己当成儿童，这几天我们和社区中的儿童做朋友，并跟踪记录了他们的活动空间和路径。

　　哪些空间是被儿童喜爱的呢？在社区中游荡许久后，我们决定在街边的一个三角花坛停留下来，看看能不能对社区中的儿童进行交谈访问。

　　在竹丝岗，一些尚且"自由"的在马路小道上狂奔嬉戏的儿童给了我们灵感，且带领我们一起在社区的各个角落发现了许多有趣的，他们称之为"秘密花园"的空间。我们通过游戏，有引导性地把这些空间串联在了一起，总结出了儿童的活动路径和空间探索习惯。首先通过信息叠加，我们选定了社区内的多个场地和路径。然后通过对儿童视角和空间经验的观察和运用，进一步深化设计，凸显了各个场地独特的空间特征，以此激发儿童在这些空间中的想象力并促使他们与社区空间产生互动。通过小改造为竹丝岗打造多个属于他们的"秘密花园"。

Day 2

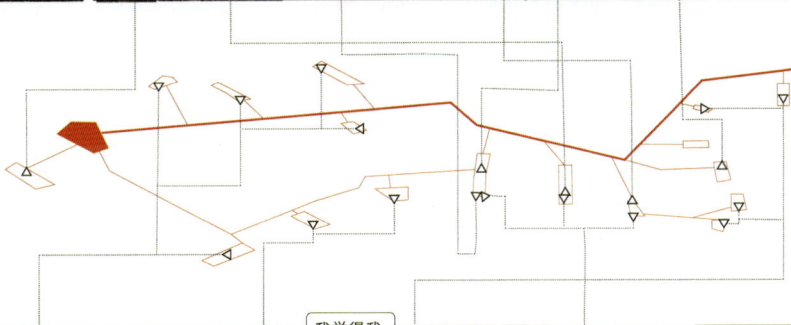

Day 3

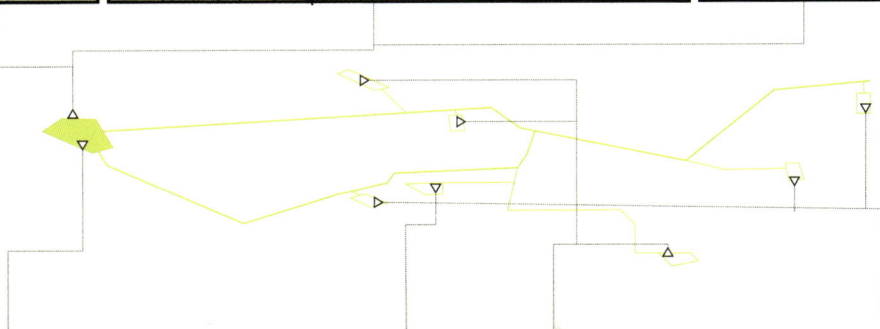

Day 4

Day5~7　总结

　　我们把之前获得的照片进行了整理，找到了一些规律。孩子的视线是不规则的曲线或者是折线，成年人的是一条比较规则线。

儿童的世界是什么样的世界呢?

来自 132 张儿童自己拍摄的照片（部分截取如下）

Day8~10　整合&筛选

mapping 后归纳出了 8 个具有可能性的儿童的"秘密花园"。

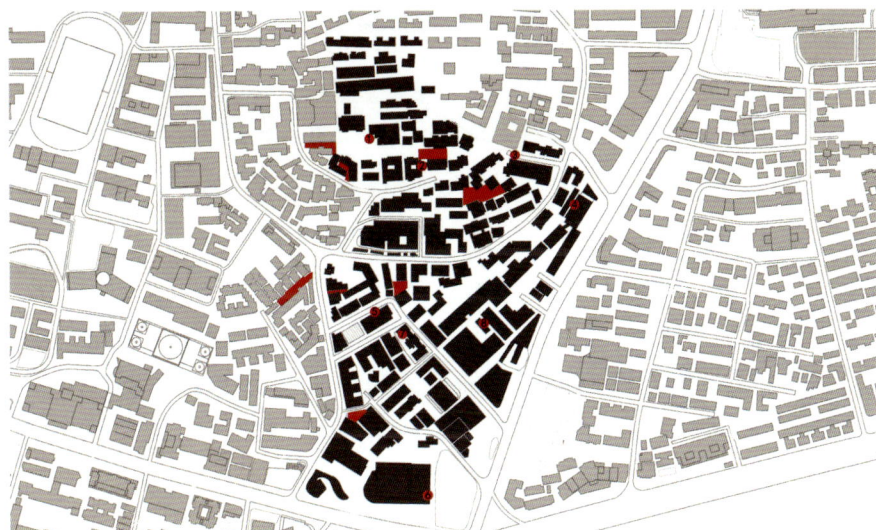

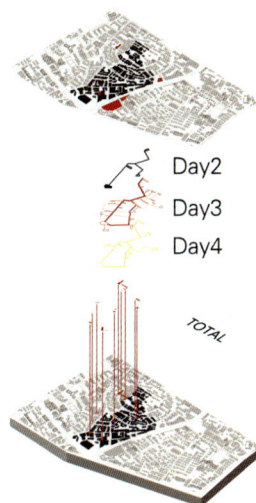

Day2

Day3

Day4

TOTAL

A. 空地和水房

　　这是一个被居民楼和围墙围合而成的长条形空间，有一些居民在这块空地中种植了一些植物。这块场地的尽头是一间水房，带我们去这里的小男孩爬上这个楼梯，转头问我们要不要一起上去看风景。

B. 历史建筑物前整齐的砖块

　　这是一个被历史建筑物围合而成的三角形空间，中间的硬质场地地势较低，因此居民在场地中放置了砖块，以避免雨天被雨水打湿鞋。偶然发现这里的小朋友在没有下雨的傍晚在砖块上快活地跳跃，玩得不亦乐乎，激发了我们的灵感。

C. 条状空地

　　这也是一个被居民楼和围墙围合而成的长条形空间，在户外摆放着一些不再被使用的椅子，而椅子靠着的围墙，随着时间流逝，长出青苔，覆盖藤蔓，看起来有些像原始丛林中的人造遗迹。

D. 街旁的三角休息场地

　　这块三角形场地旁边是这个社区最热闹的地方，个体户店主家的小孩偶尔会在这里聚集玩耍，白天也有很多老人在这里休息乘凉。

E. 巷道里倚墙的歪脖子树

这一条鲜有人问津的巷道深处通向几户住家，在靠近围墙的一侧有一棵歪脖子树。它斜斜倚靠在围墙上，留出一个空间，可以让身高120厘米左右的小朋友从下钻过。

F. 挡土墙

这是住在这附近的居民回家的必经之路，有坡度的水泥路旁边是长满植物的挡土墙，从这里走到尽头转身又可以从楼梯下到原来的地面。

G. 巷道里小朋友的秘密花园

这一条阳光充足的巷道，它的一侧是小学校园的围墙，另的一侧是居民楼，许多住在一楼的居民的厨房都在靠近巷道的一侧，相熟的人走过，屋内和屋外的人打招呼，这里也是一位住在楼上的小女孩的秘密花园。

H. 彩色晾衣架

这是一块不规则的硬质场地，它由很多居民楼围合而成，中间摆放了很多形态各异的铁架，有一些是废旧的球网杆，有一些是水管，住在这里的人用它们来晾衣服。

我们希望通过延续8个场所的特质，活化在地的特质，在很小的切入点进行改造，把儿童对于空地的想象和探索激发出来，用一种温柔的、善意的设计，去改良社区空间。

A. 鱼鱼谷

自来水房，自上而下慢慢变大的数字墙上，映着波光粼粼的水纹，游泳的梦想仿佛在这里可以实现。

SITE B

B. 跳跳湖

一块块被刻意排列好的石头，忽然在间隙中看到自己模糊的影像，倒映着世界的模样，噢——天空是在自己的脚下吗？

SITE C

C. 球球镇

挡土墙上映射着高楼大厦，天空上飘浮着童趣的气球，这是在睡梦中的童话世界吗？

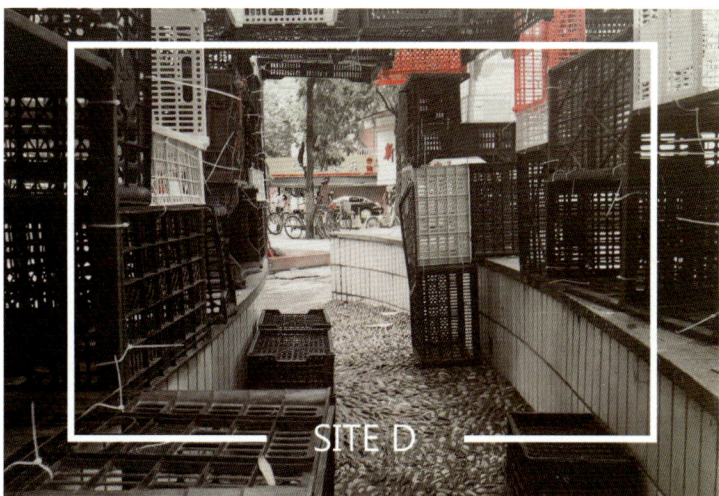

SITE D

D. 托托堡

收集的水果篮，构筑出的小城堡，这里有白色的小屋顶，透彻的天空透过破口，映射在小孩子的眼中。这里可以让人随心所欲地感受生活。

E. 钻钻转

一条引导着的路线悄悄穿过树间，带领着小宝贝进入成人看似不可能的穿越，真是有趣！

F. 长长大

随着步伐的迈近，小恐龙带着小小孩，看到不断长大的自己，这是一种什么样的体验呢？

G. 谜谜园

花墙上挂着的粉笔擦，是可以在花间尽情地绘画，是巷弄变成了画板，还是可能发生点什么意象不到的事情呢？

H. 毛毛窟

居民自己收集的球筐钢管散落在场地上，被重新整理与构筑，各种具有可能性的动线在其中穿梭交错，以一种包容的姿态欢迎小孩的到来。

综合上述工作，我们绘制出了场地的平面图。

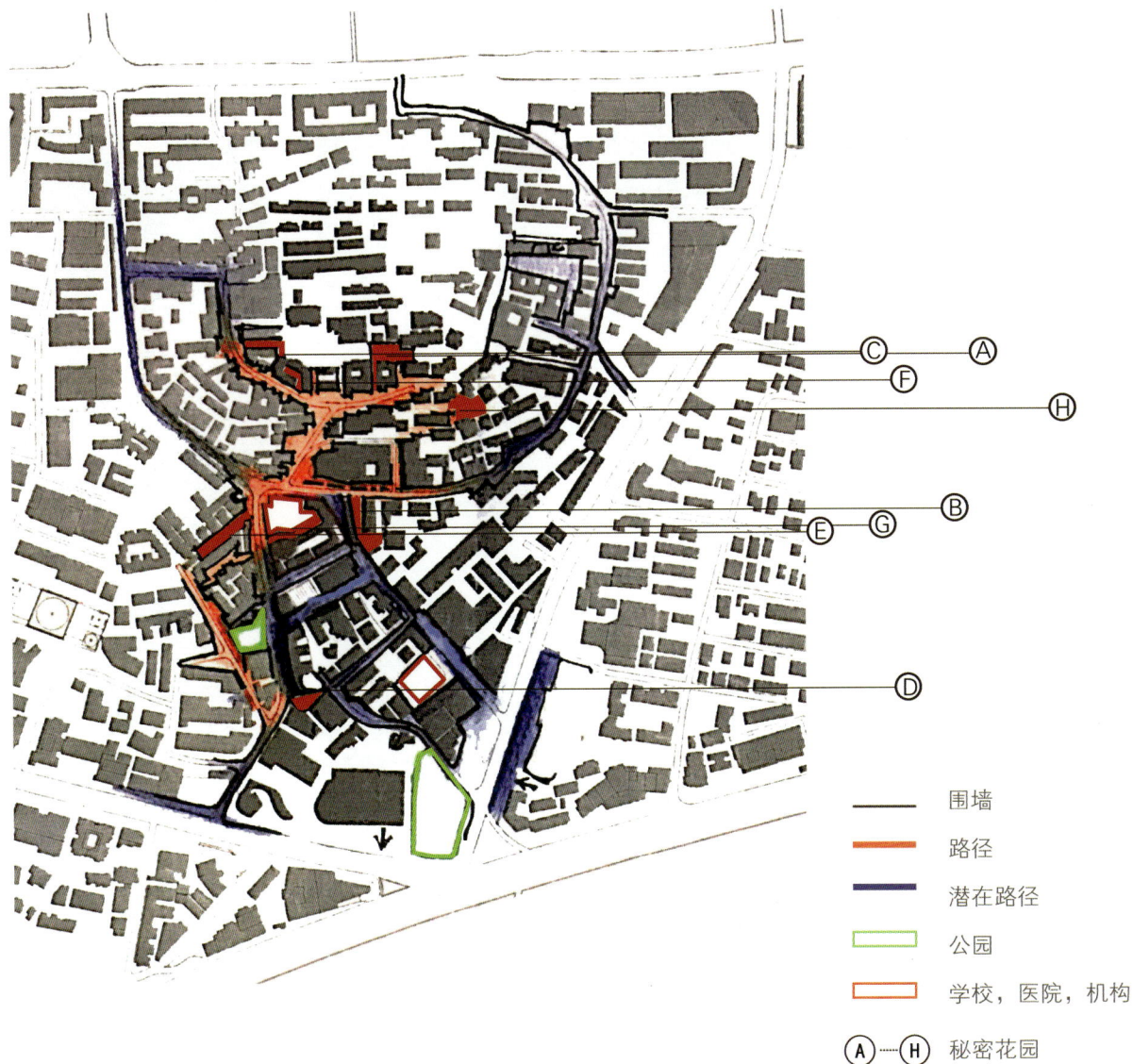

围墙

路径

潜在路径

公园

学校，医院，机构

Ⓐ----Ⓗ 秘密花园

秘密花园的路标

Day11~13　观察&修正

　　我们又发起了一场寻宝游戏，引导儿童去寻找我们设计过的空间，并观察他们如何使用这些空间。

　　希望儿童在我们离开之后仍能在社区里自由地探索，也希望有越来越多的儿童可以加入他们，一起去探索自己所生活的社区。

　　如果儿童能带上家里的大人一起探索就更棒啦。希望这份对于社区的情感可以被传承下去。

　　你也试着去发现自己生活着的社区周围的秘密花园吧！

小组感悟

这是可爱的大家，梦想在这里开始……

谭涵丹

当你停止创造，你的才能就不再重要，剩下的只有品位，品位会排斥其他人，让你变得更加狭隘，因此，要创造。

程子轩

荫翳礼赞。

谢振东

自转星球。

肖　晗

如果有一天我们淹没在人群里，庸碌一生，是因为我们没有努力让自己活得精彩。

李硕勋

设计师——不做上帝、不做造物主、不做英雄，做农夫、做小商贩、做黔首黎民。

谭胡莹

任何事物，当它失去第一重意义时，便有第二重意义显示出来，时常觉得是第二重意义更容易靠近，与我适合。

胡　蝶

今天天气真好，咱们出去散步吧。

张　悦

我们心中的恐惧，永远比真正的危险巨大得多。

黄俊鹏

永远像孩子一般纯真美好，永远坚守属于自己的秘密花园。

许鼎晟

异想天开有什么不好，总有梦想成真的一天。

林　铎

好好学习，天天向上。

宋圣栋

和谐平等，民主自由。

8.2　银发世界组

银发世界的"＋ －"

我们
一同走入
银发老人的世界……

银发世界组

暨南大学：
梁智德
黄宇鸿
李奕丽
刘燕妮
李润葳
中南大学：
武嘉欣
华南理工大学：
印其思诺

　　大众对于老人的固有印象可能是"行动无力，生活无趣"，而对于老人的需求的回应多是把他们当作弱势群体给予物质补偿。但是，实际上老人们是否可能创造一个属于他们自己的世界呢？在这个世界里他们是充满活力的个体，仍然有着对世界的好奇心与创造力。银发世界的"+－"就是我们对老人世界的全新认知和探索，以及尝试如何用微小物件或介入的方法去创造一种更加积极的老人生活空间。

前期调研

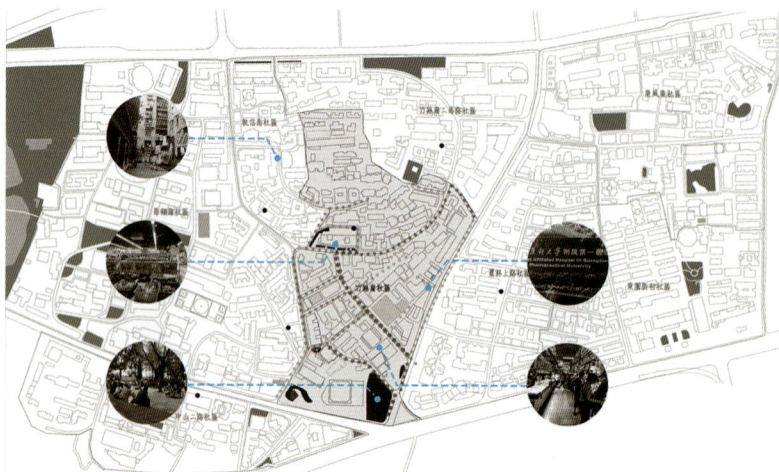

公园区位

在广州市越秀区竹丝岗社区，我们发现东山口小公园可以说是银发世界空间的雏形。集中的老年人群体，丰富的自发性活动，以及公园本身无设施，构成了适合的观察环境。在这里我们开始了"银发世界"的探索。

使用人群

公园的主要使用人群为流浪汉、保姆和庞大的老年人群体（后期调研对象）。

老年人群体按照行动力可以划分为：

（1）自主型 (Go-Go) 老人：行动自如，心态积极。

（2）适应型 (Slow-Go) 老人：行动力较低，需要拐杖或者轮椅。

（3）轮椅 (No-Go) 老人：丧失独立行动力（公园中这类人群都坐在轮椅上，故称为轮椅老人）。

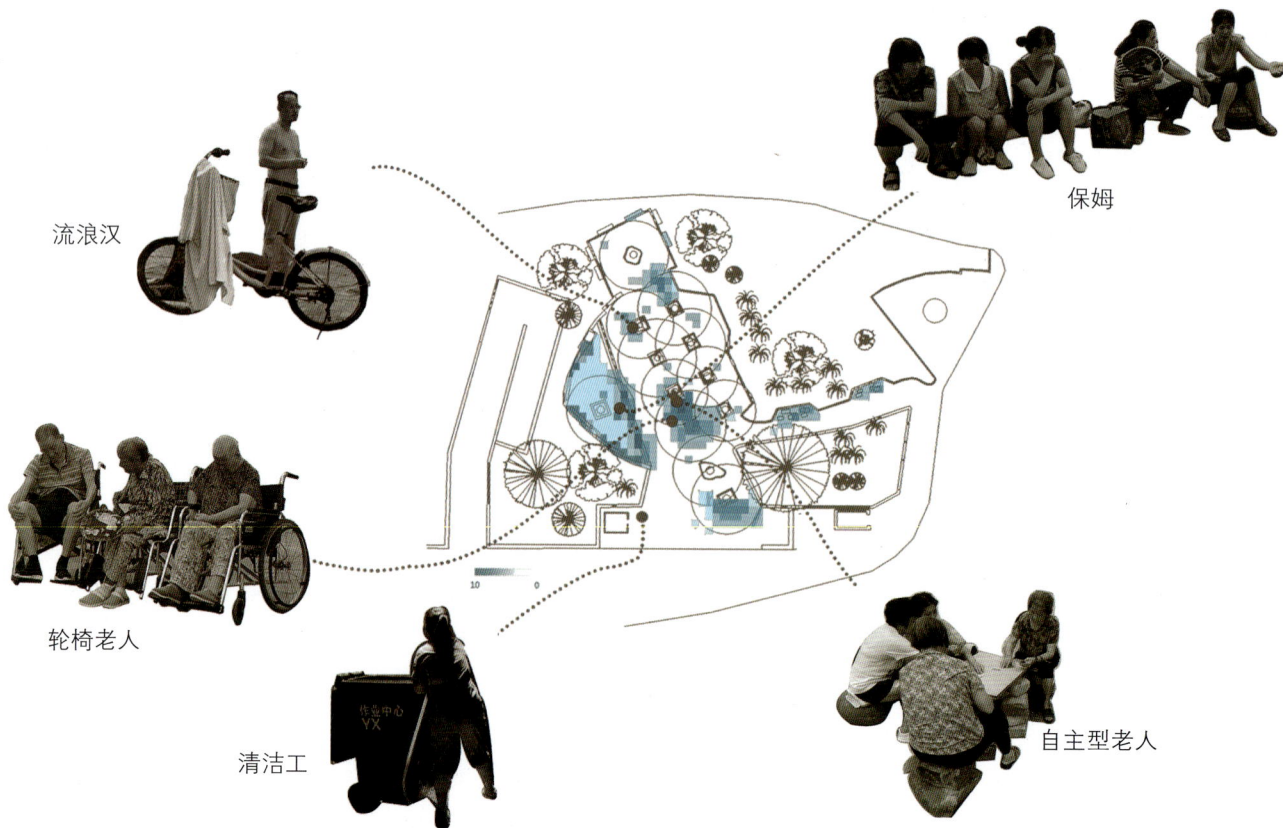

流浪汉

保姆

轮椅老人

清洁工

自主型老人

调研结论

老人的建议

在调研中我们意外地收到不少来自老人对于公园的建议。

我们如实向竹丝岗社区中心的工作人员反映，得到以下答复：

（1）公园最初只是一个绿地，权属政府规划局。

（2）社区也有公园改建意向。

（3）任何活动需要得到城管的批准。

🔧 缺少公园基础设施

🪑 游憩设施

🚻 服务设施（公共厕所）

💡 公用设施（路灯）

🚧 缺少安全设施，没有扶手

♿ 缺少规范的无障碍通道

🧱 道路铺装不平坦

🌳 景观植被单一

场地内现存的问题

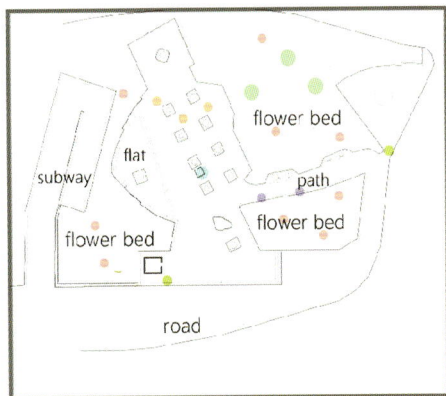

人物	老人	轮椅老人	保姆	流浪汉	清洁工
活动频率	▮▮▮▮▮▯▯▯	▮▮▮▯▯▯▯▯	▮▮▮▮▯▯▯▯	▮▮▮▮▯▯▯▯	▮▮▯▯▯▯▯▯
期望	桌子和椅子 健身设施 扶手	孩子 扶手	桌子和椅子	健身设施 厕所	环境干净 厕所
需求空间	🪑 🚹 🚧	👶 🚧	🪑	🚹 🚻	🗑 🚻

人群活动时间

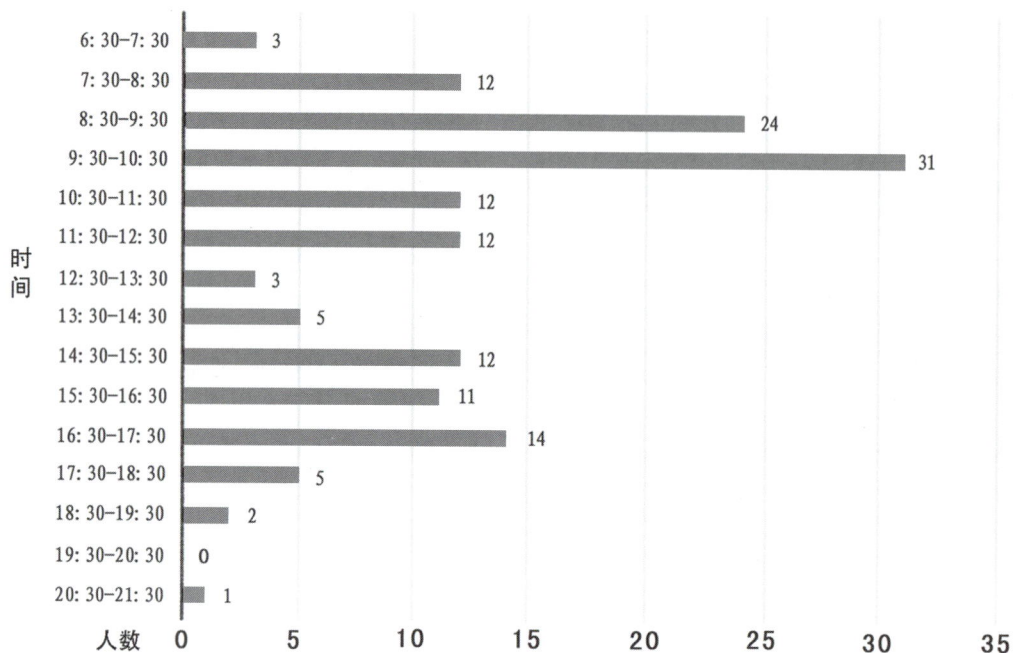

一天内场地人数变化

时间	人数
6: 30–7: 30	3
7: 30–8: 30	12
8: 30–9: 30	24
9: 30–10: 30	31
10: 30–11: 30	12
11: 30–12: 30	12
12: 30–13: 30	3
13: 30–14: 30	5
14: 30–15: 30	12
15: 30–16: 30	11
16: 30–17: 30	14
17: 30–18: 30	5
18: 30–19: 30	2
19: 30–20: 30	0
20: 30–21: 30	1

交通方式

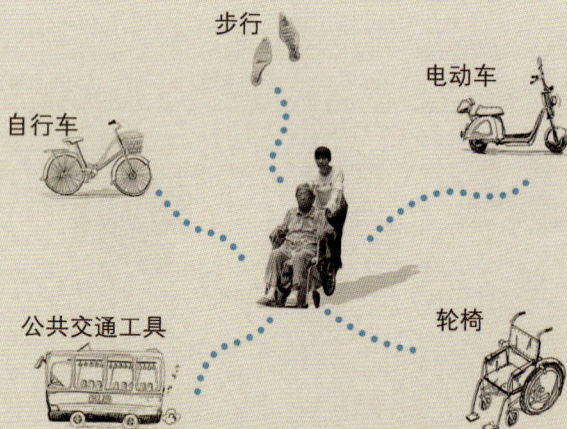

步行
自行车
电动车
公共交通工具
轮椅

感知路线

看 See	听 Listen	嗅 Smell	尝 Taste	触 Touch
景观、自然细节	鸟、风、学校音乐嬉笑	花、土壤、食物	小吃、水果	土壤、建筑、水、岩石、树、公共设施

通过前期调研，我们拟选择一位家离公园较远的轮椅老人，描绘她行动的路线中能体验到的感知情况，设法在这些空间中进行设计思考，致力于让轮椅老人能够更好地融入生活与自然，使其以一种积极的心态生活下去。

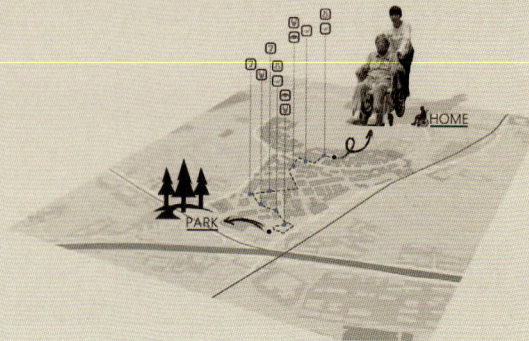

前期实验

老人活动示意图

我们以 15 分钟为单位绘制成老人活动示意图，反映其在公园的具体活动及对空间的使用状况。

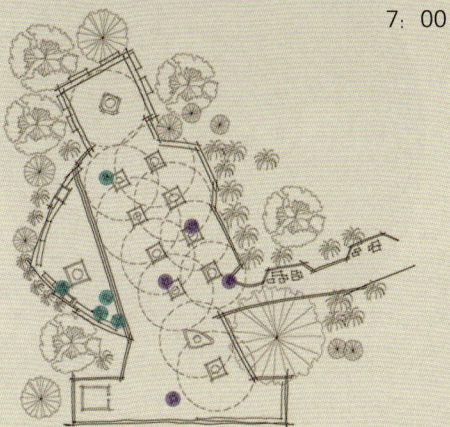

7：00

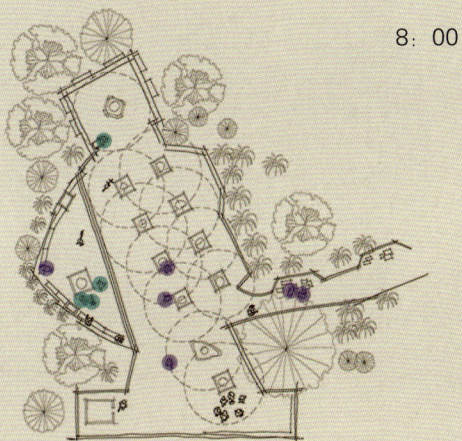

8：00

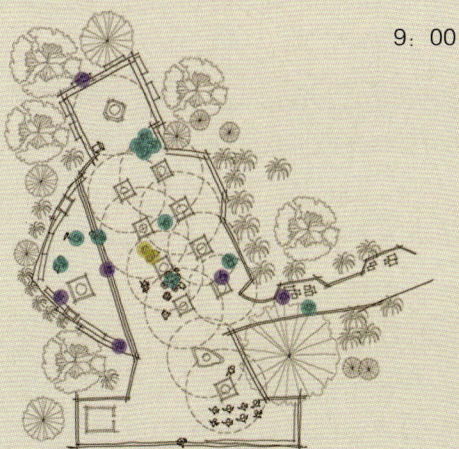

9：00

● **自主型老人**：自发性活动丰富，还根据需求进行了自创造。

● **适应型老人**：有小幅度的肢体活动，场所目前没有合适他们的娱乐活动。

● **轮椅老人**：目前没有表现出活动。

我们不难发现自主型老人是有自己完善的活动模式的，他们的活动模式正是我们要探索的新型老人生活模式，可为后面的探究提供借鉴。非自主型老人（适应型老人和轮椅老人）没有表现出过多的活动欲望和活力，这正是我们想要通过探究来打破的一种传统式的老人生活模式，那这种模式有可能被打破吗？非自主型老人有与外界交流的需求吗？

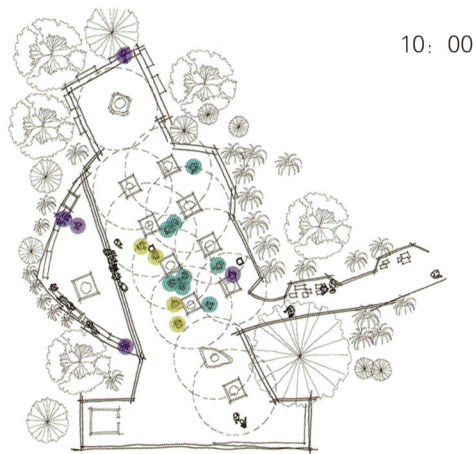

10：00

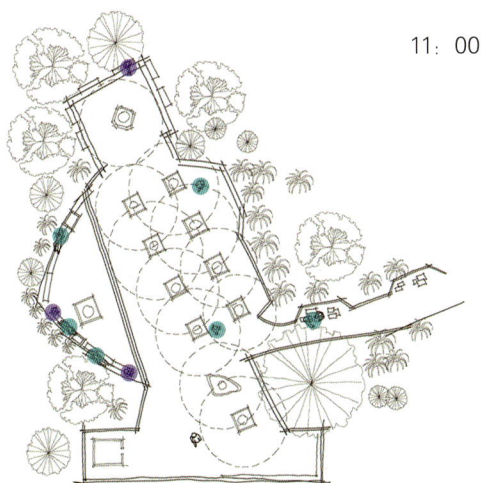

11：00

需求实验

基于以上的疑问，我们做了针对适应型老人和轮椅老人的需求测试实验，分别从听觉、视觉和触觉三个方面进行。

听觉实验（音乐实验）

在公园中央播放粤剧，出现的情况如下：自主型老人没有关注，适应型老人表现出好奇并上前观看，轮椅老人表现出好奇。

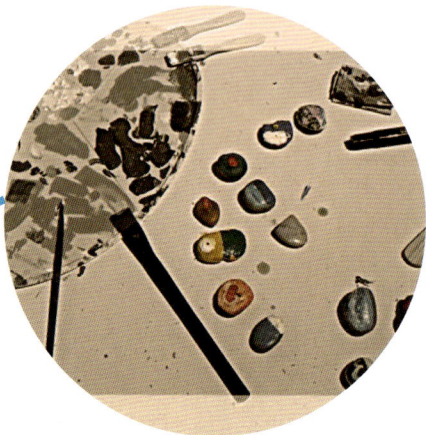

动手实验（彩色石头）

对公园的景观要素进行分析后，我们认为可以用彩色石头代替种植设计中缺失的色彩。于是我们设计了画彩色石头实验，邀请老人一起参加，提高他们的积极性。

色彩实验（彩带实验）

将几十根彩带绑在榕树须上，彩带吸引了公园里的老人，不少老人表示新奇和开心。少数老人吐槽数量较少，设计感不足。

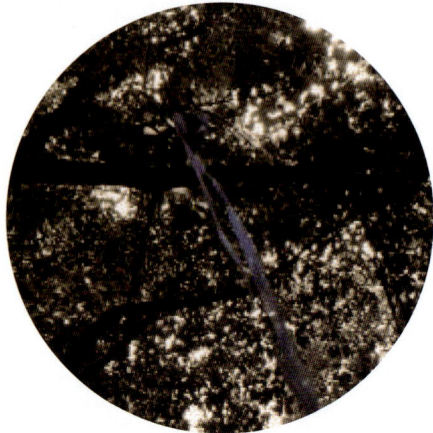

后续（彩带设计）

将300根彩带绑在榕树须上，强化了由两棵榕树限定的虚空间。色彩缤纷的彩带随风舞动，使身处其中的人获得片刻安宁。彩带离地面高度不一，老人如果喜欢，可以摘下带走。被彩带吸引来的老人和小孩在树下空间停留，轮椅老人因此和儿童及保姆产生互动。彩带变成了老人和其他人交流的媒介。

通过以上实验，我们发现适应型老人和轮椅老人都是对外界有所感知的，他们依然有活动需求，但是不同于自主型老人，他们活动受限，且无法根据需求进行自主创造。

设计实验

设计流程

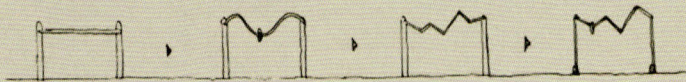

设计情况

扶手设计

基于以上实验，我们试图设计一种主要针对非自主型老人的设施来激活他们的公园活动空间，引导他们的自主性活动。考虑老人的基本活动需求——行走需求，我们选取普通栏杆为原型，结合老人的视觉、听觉等各方面需求，融入了娱乐性的"绕环"和色彩设计，设计出了多功能的老人扶手。希望它在满足老人搀扶需求的同时还能作为一项锻炼器材。整个扶手呈阶梯状，不管是坐轮椅的老人还是拄着拐杖的老人，都能找到舒适的高度。对适应型老人而言，他们可以尝试从低到高移动。

老人对扶手的反应

不少的老人主动尝试使用扶手，并且肯定了扶手设计的趣味性。另外，部分老人对我们赋予扶手的功能表示困惑，并自主地将钢管作为桌子的支架使用，这是我们预料之外的收获。

板凳改造

我们尝试对老人们的部分需求进行解决：在场地随意摆放塑料凳子，老人们纷纷替换了他们原来的石头座凳，在两周的活动中，板凳改造是老人们参与度最高的活动。

后续

这让我们不禁反思：从社会服务者到设计师，是不是真的尊重了使用者，从生活需求出发进行服务和设计；还是只是做着表面性、臆想性的设计，就像我们过去为老人设计的生活模式。

总结

这两周与老人的接触改变了我们对老人的固有印象。他们有很好的洞察力，能感知周围环境，渴望交流，渴望体现自我的价值。老年人是我们社会中重要的群体，也是容易被忽视的群体。作为设计师，应该充分关注老人的生理需求、心理需求和个体需求，为他们营造安全舒适的环境。

本次的工作坊是我们对老人世界的初探索，包括最终的扶手设计也只是对一种新型的非自主型老人的生活方式的尝试性探索。

渡边淳一先生笔下的《复乐园》描绘了这样的场景：老人们在老年公寓 Et Aiors 里自由地生活，并在自由的生活中老去。

而"在自由的生活中老去"是我们希望最终能够为老人实现的生活状态。

小组感悟

梁智德

工作坊给了我许多的收获，让我对一个好的设计有了更深的理解。作为设计者，不应为设计而设计，而应该了解居民、社区的需求，以一个合理的方式去带动居民共同参与，改善社区环境。在此感谢指导老师、同伴，以及亲切热情的竹丝岗居民。他们让我刷新了对社区群体的认知，也给我提供了很多宝贵的意见。

黄宇鸿

有幸参与本次工作坊，能够与优秀的学长、学姐交流合作，还得到了导师的教诲，且对于设计的理念有了更深层次的理解，获益良多。

李奕丽

我们通过实地调研和观察发现场地使用上的问题，并通过设计介入去提升空间活力。工作坊给我带来了设计学习中的新体验，让我学习到设计不是推倒重来，而是可以从微小的改造中去提升使用上的质量。

刘燕妮

在这段时间，我学着去观察——主动发现问题，去思考——尝试解决问题，去动手——探索微型创作。于此，我想这次工作坊更多的意义不是在于留下了什么构筑物，而是教会我们如何从生活中来到生活中去，有逻辑有温度地"美化"生活。

李润葳

设计是为了更好地服务于人，只有深入了解用户的生活场景和真实需求，才能做出有温度的设计。这次工作坊提供了让设计慢下来的机会，在下笔之前用充足的时间去用心感受，耐心体悟，理解融入其中，让设计更贴心。这段经历带给我们的影响是深刻而长远的，也将让我们受益终身。

武嘉欣

竹丝岗居民的生活空间是微小的、亲密的。我们通过对目标人物的观察，发现其在新城与旧城衔接空间之中的生活轨迹，狭窄昏暗与宽敞明亮共存，了解其对生活空间的使用策略，学习以居民的视角、以谦卑的态度看待城市使用者。

印其思诺

很开心的一次工作坊，数十天的观察和实验，让我对构建老旧社区有了更多的理解。在迈入老龄化社会、拥有两亿独生子女的中国，老年人群体或许是下一次设计的风向标。

8.3 家外家组

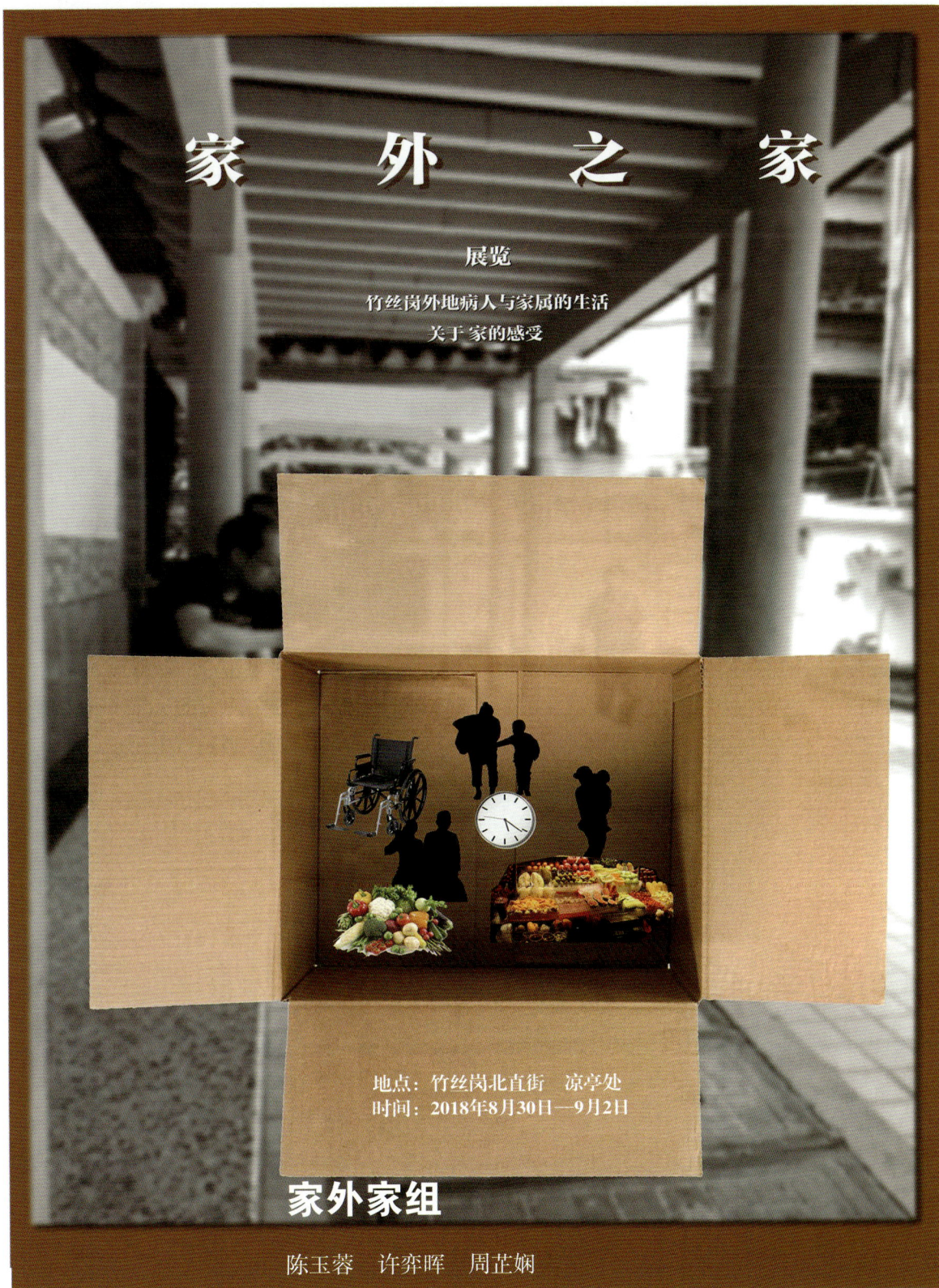

家 外 之 家

展览

竹丝岗外地病人与家属的生活
关于家的感受

地点：竹丝岗北直街　凉亭处
时间：2018年8月30日—9月2日

家外家组

陈玉蓉　许弈晖　周芷娴

一次关于家的讨论
城市为我们提供了怎样的生活方式？

家是什么？

竹丝岗

疾病

我们的城市对每个人都友好吗？

居所 流动人口

城市生活

异乡客

家

我们需要怎样的
社区空间？

与住所不同，暂居地是指暂时居住地。但暂时居住不是短时间居住的意思，而是没有预定期居住的意思。自然人和法人具有不定期居住意愿，通常是为了某种目的，如谋生、经商、求学等。

竹丝岗初探

无处不在的招租信息

处处可见的患者和家属

广州作为全国一线城市，拥有丰富的医疗资源和一流的医疗水平。每天有约40万人在广州各大医院看病。广州医疗设施的完善以及交通的便利吸引很多患者前来治疗。

竹丝岗社区处在广州市越秀区中心，周边分布着几所三甲医院。许多在这里接受治疗的患者及前来探亲的家属，在空间上与这个社区产生着千丝万缕的联系。我们想知道，因为看病来到广州生活的他们在竹丝岗发生的故事。

我们的城市对他们友好吗?

城市环境的不友善

路边常见的 2 厘米的小高差，对于行动不便者都是极大的挑战。

减速带、排水口，这些都是轮椅通过时需要特别注意的。

附院路上密集的减速带和井盖。

主干道边是被共享单车占领的人行道。

公交站难以将轮椅放上车的阿姨。

居住环境的简陋

屋内昏暗，采光不佳。

房屋层高不足。

被改造成两层的一楼。

社区的不友善

房东会把患者住户的衣服晾在门口，和居民的衣服分开。

教学区域：谢绝病人、闲杂人员进入。

住房老旧，存在隐患。

夜晚照明不足。

竹丝岗居民：很同情和理解患者家庭的心理，希望他们能早日康复，早点回家。跟一些患者邻居平时也打些交道，但也对他们的一些不良生活习惯感到不满。

房东：来租房的患者因为平时要煎药，导致楼道内常有一股药味，还会产生一些医疗垃圾，导致楼道卫生变差，希望居委会能了解这些情况。

医护人员：由于住在社区内，每天上班下班都要面对患者，心情有些压抑，因此平时很少在社区内散步。希望能有一个让患者群体相互交流经验、互通便利的平台。

盒子的构想

医院

竹丝岗二马路社区

执信南社区 **居所**

凉亭

竹丝岗社区

集市

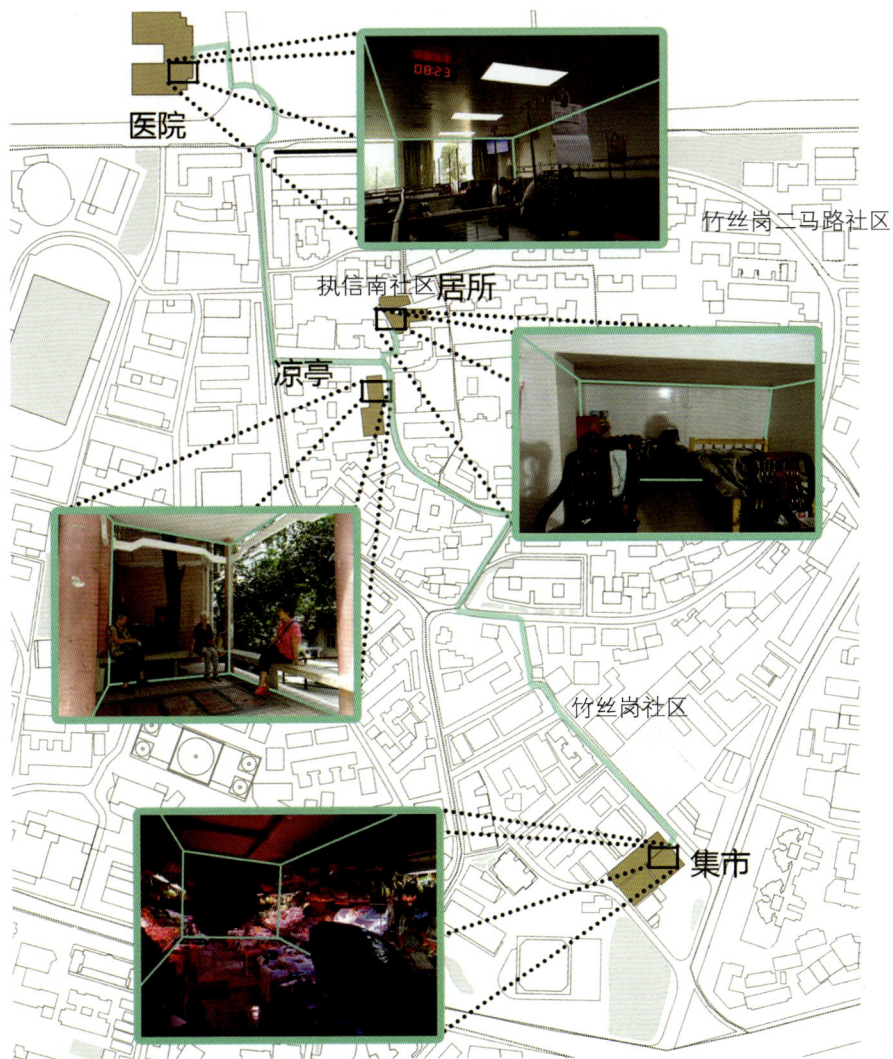

基于对竹丝岗患者群体的跟踪调查，我们总结出他们在城市中不同的家的形态，即集市之家、家外之家、医院之家、凉亭之家。

竹丝岗家外之家展览
场景：竹丝岗
主角：患者家庭
展览人群：竹丝岗的居住者

展览的特征：互动性、展示性

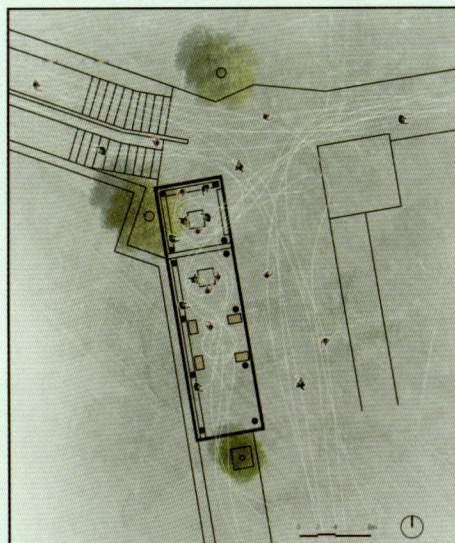

盒子的制作及展览

材料准备

纸箱喷绘

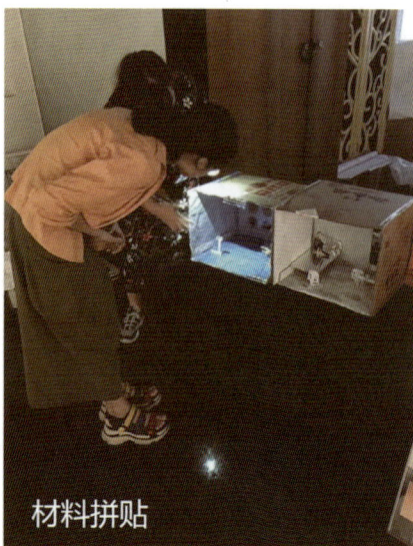
材料拼贴

模型完成

　　纸箱：立体空间更易有代入感、体验感。纸箱材料易取得，且有年代感。快递箱暗示家的不稳定性，因为箱子总是被搬来搬去，在城市之间寄来寄去，就像他们的生活一样。箱子里装了四个生活画面，代表了四种家的形态，通过提取这四个场所的氛围采用了四个基调色，再用一些比较简洁的方法将他们的生活拼凑起来。

　　在竹丝岗过着暂居生活的他们，远离家乡，远离家人和朋友。我们还原了阿婆居住的租屋环境，渲染一种孤独之感。我们的社区是否能为他们创造一个更加温暖的"家"呢？

　　患者群体在饮食上需要更加细致的照料，他们一般只能选择口味清淡、营养价值高的食物。菜场盒子展示左右两边食物对比，加上药膏的气味，体现他们饮食上的单调。

　　当你亲身去往化疗中心感受一次，就能体会疾病给身心带来的压抑之痛。每个人都屏住呼吸，等待治疗的结束，但是时间似乎走得特别慢。

　　凉亭是社区内少有的可以驻足的公共空间，不同群体得以在此相遇。这也是我们和阿婆一家故事的开始。病人可以在这里交流治疗的经验、分享家乡的故事，每个人都得到安慰和温暖。希望我们的城市能有更多这样的空间。

反馈与思考

家 外 之 家

竹丝岗外地病人与家属的生活
展览

从远方的家
来到这里
如何把城里的大都市
陌生的城市
带看恐惧与希望
医院、菜市场、便利社区
出租屋、素食店、静静协会
是最近支撑
和家人以外的地方

地点：竹丝岗北直街 凉亭处
时间：8月30~9月21日

在展览展出的 6 个小时里，我们获得了一些居民的反馈。

小学教师：这个展览很有感染力，你们办这种活动很好。

婆婆：看不太懂这是什么，盒子倒是挺好看的。

学生：听了你们展览的介绍后，觉得这是一个出发点很好的展览，很有社会意义。

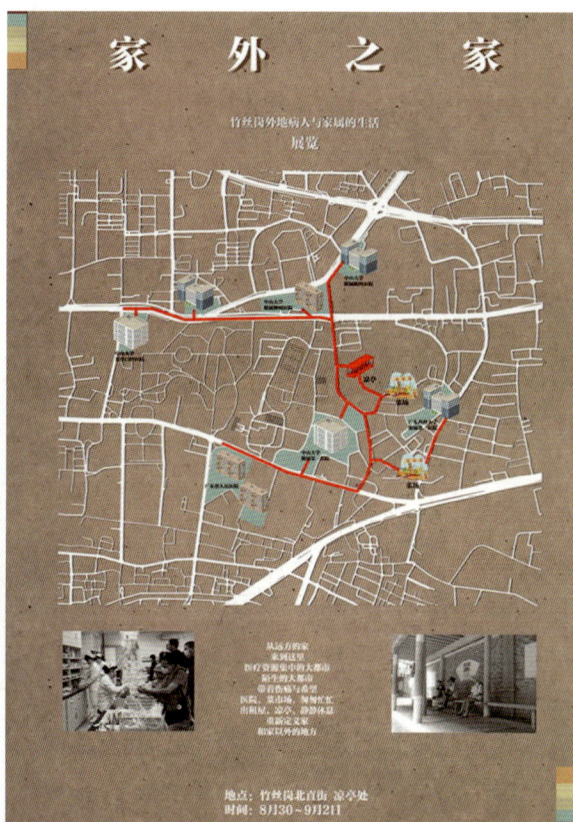

展览失窃

展品没有得到很好的保管，导致在第二天早上不翼而飞，展览被迫停止。经调查后发现展品被居民收走并被当作废纸盒丢弃。

反思

（1）天气原因导致了这次展览没有被更多居民看到，展览举办时间较紧。

（2）展品因没有被好好保管而丢失这件事给了我们深刻的教训，说明居民并没有了解这个展览的用意。我们也从中思考我们的责任，以及我们对这个社区的介入方式。

尾声

竹丝岗社区营运工作坊

2018.08.19—09.02

陈玉蓉
中央美术学院

许奕晖
江西农业大学

周芷娴
华南理工大学

8.4　街道芭蕾组

　　各种行业的专业手艺在街道场所自成规律的肢体动作，配合业者的技术、知识、态度、沟通艺术及行业之间相互支持，构成一个完整的表达系统，显现出一个微观世界的韵律感、节奏感。身体扬动所展现出来的对称美、动态美与和谐美构成了各种工作场所的乐章，不同行业展现的身体芭蕾与时空惯性的交互渗透，构成了街道的环境韵律。

街道芭蕾组

唐雅雯
李颖玥
张诗敏
蔡钿桦
李泓岍

1 理念

人 **身体芭蕾**

地理学家戴维·西蒙（David Seamon）提出对生活上、工作上有脉络可循的身体动作，因其有类似芭蕾舞蹈的韵律、规则特质，故称之为身体芭蕾（body-ballets）。身体芭蕾也可说是生活者与其职业、信仰、嗜好、日常起居习惯相契而组成的生活文法。

空间 **地方芭蕾**

地方芭蕾（place-ballets）这个概念，其特性是建立在人们活动空间与时间上的持续，在同一地方，个人的时空途径（time-space routines）定期地与地点会合，此种定期相遇具长久重复性，看似不经意地偶然相遇，相遇地点却有多种特性：连续性、独特性、熟悉性、归属性，例如，街角、大树下、凉亭、杂货店、广场，这些人们时常聚集的场所就是最易产生地方芭蕾之处。

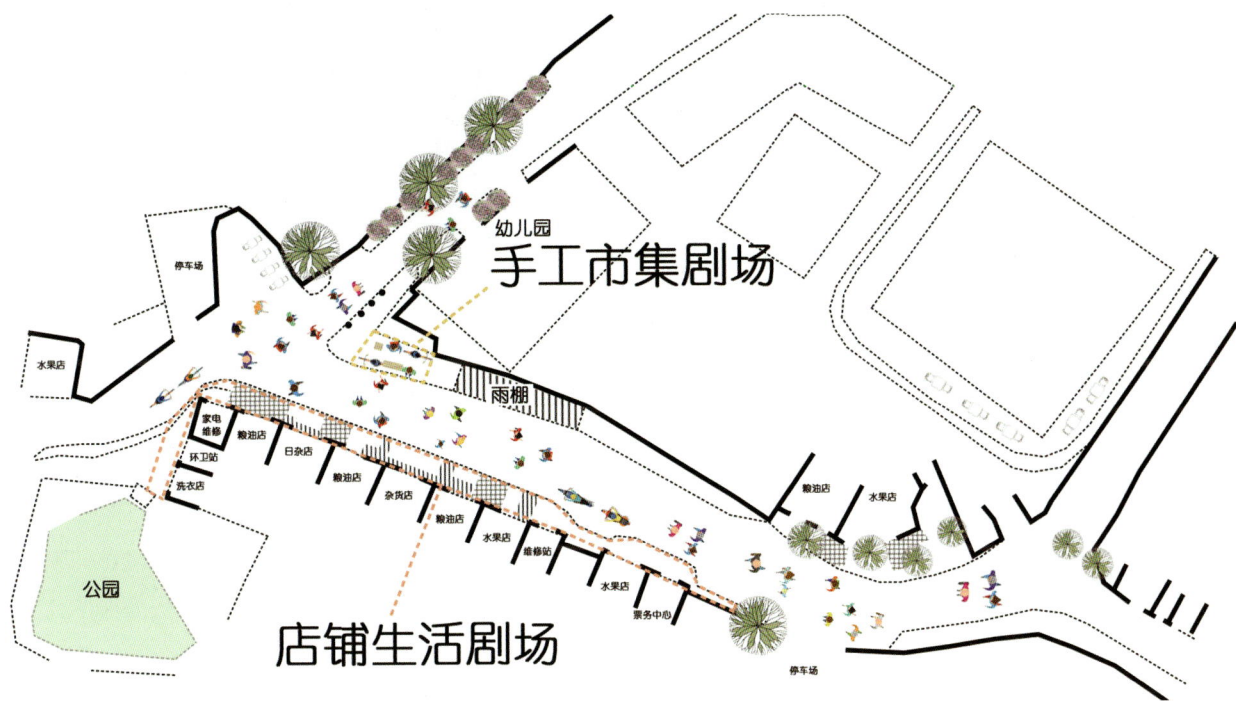

幼儿园

手工市集剧场

停车场

雨棚

水果店

家电维修

环卫站

粮油店

日杂店

洗衣店

杂货店

粮油店

粮油店

水果店

水果店

维修店

水果店

政务中心

公园

店铺生活剧场

粮油店

水果店

停车场

周而复始

周而复始，循环往复，一圈一圈地运转。

行人

新南路街道常有居民在此行走，或去市场或去公园。他们匆匆地来，匆匆地走，路人与路人之间没有过多的语言交流，每天都能见到他们在此经过，周而复始。

有些边走边玩手机，有些一直低着头走路，有些东张西望，有些会停下来看看街道发生了什么新鲜事。

护工

有些陪孩子玩，等家长来把孩子接走。有些则推着轮椅陪伴着行动不便的老人。下雨天，有些则为老人打伞或搀扶着行动不便的老人。

粮油/水果店老板

他们有时忙于进货、卸货、理货和送货，有时在店门口坐着发呆，有时与过往的街坊邻居闲聊。

杂货店老板

他一直坐在商店里玩手机，视线离不开手机，偶尔会东张西望，好像在窥视着什么？

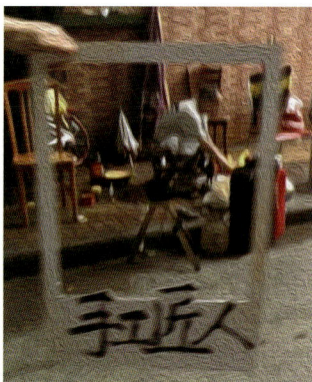

修鞋匠的板鼓舞

每天，在马棚北街边树荫下的修鞋匠，整齐地排列自己的工具，往来的都是熟客。拿到鞋子后，修鞋匠首先用磨板，一前一后摩擦，抹掉鞋上的污垢，我们把这叫作表演前的"磨鼓"。

修鞋匠架起修鞋布于双腿之上，像极板鼓的鼓面，我们称之为"鼓面"。然后把鞋子横向置于修鞋布之上，找到伤口，大动作地在"鼓面"上开始缝补和敲打，穿针引线，敲锣打鼓，我们称它为"板鼓舞"。

理发阿姨的蝴蝶舞

一位理发阿姨在马棚北街为竹丝岗居民理发时展开舞蹈。这种舞蹈的领舞是理发阿姨，手上把着剪刀，上下飞舞，头发簌簌窣窣掉下来，好似"蝴蝶"在舞动翅膀；伴舞是理发的顾客，身披理发的披肩，正襟危坐，目视镜子，好似挺立的被采蜜的"花朵"；舞蹈背景是墙上的镜子和放置工具的柜子。

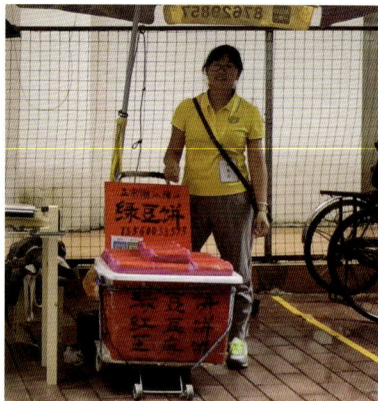

小黄人的采莲舞

绿豆饼阿姨（已在竹丝岗卖绿豆饼 5 年）。

小黄人总是忠诚地为主人提供各种服务，兢兢业业，毫无怨言。我们邀请绿豆饼阿姨在新南路路口拐弯处摆摊。绿豆饼阿姨为搭配我们的剧场，专门身穿黄色衣服，带上我们做的演员证，拉着她的小推车，开始卖起她的绿豆饼。不论什么时候阿姨都一直面带笑容。我们称她这种装扮为"小黄人"。她时不时整理一下摊位上的绿豆饼，亦时不时吆喝路人来买绿豆饼，休息时便与我们聊天。

2　调研访谈

角色观察

角色1：城管

被采访人：航哥（中队长）

大本营：广州市城市管理综合执法局越秀分局农林街执法队

巡逻配置：2辆电瓶巡逻车、2辆小皮卡车

人员配置：共31人，分3班，固定岗、巡逻岗（各3个人）

上班时间：固定岗8：30—17：30；巡逻岗7小时（早班：8：00—16：00、晚班：15：00—23：00、通宵班：22：00—8：00，每周休一天）

工作内容：驱赶流动商贩、违法建设、违法装修、违法经营、违规占道

工作方式：一级马路（严管）、二级马路（严控）、内街内巷（引导）

店铺违规两种行为：占道经营、占道使用（生活类的物品占用道路）

角色2：新南路粮油杂货店老板

营业时间：8：00—22：00

新南路特点：生活氛围很浓厚

把物品拉出来摆满门口的人行道，从出摊到收摊一直侵占人行道。这条街属于内街内巷，城管很少来这里管理，最多是引导劝告；基本很少车辆驶入，人流量相对较少；废品和垃圾桶堆放在人行道上，街上一直散发着一股臭味。

身体芭蕾：

无顾客的时候，店主一直处于玩手机的状态，有顾客时主动接待，偶尔也会坐着放空。

竹丝岗二马路社区

城管

药店老板

水果店老板

竹丝岗社区

农林上路社区

警察

五金店老板

五金店老板

食品店老板

声明：
本图资料根据百度地图
途径所得，未经勘测，
本图未经同意不得外流

角色3：五金店老板

营业时间：9：30—20：30

卖的五金商品都很整齐地放在店铺内部。

老板自己搬一张小桌子和两个折叠椅，坐在店门口。认识的客人偶尔过来和他一起在门前坐着聊天，有时两个人有时三个人。

角色4：水果店老板娘

营业时间：7：00—22：00

白天怕城管阻止，在店内卖，生意不怎么好，无法吸引行人。

晚上等城管下班了就摆出来，可以吸引很多人来买，但是形成大面积的侵占。过路人只能在马路行走。

角色5：警察

8：00—12：00 协助居民办理各种手续、出门巡逻。

12：00—14：30 轮流吃饭，在附近街道巡逻。

14：30—18：00 协助居民办理各种手续、巡逻，时常会留意门外状况。

18：00 下班，把自己的车开走，然后放上雪糕筒占车位。

警察们的日常就是巡逻，回派出所协助居民办理手续，以及会不时观察一下门外是否有可疑人物，然后一直到下班。

地点：竹丝岗二马路

时间：15：00

人物：城管、药店员工、水果店老板娘

剧场情节：城管叫药店员工把摆在门口的气球收回去，员工很听话地把气球打破。城管叫水果店老板娘把摆在门口外的水果摊以及摆在花坛的水果篮收一下。老板娘在城管面前佯装收拾，城管说完就走，没管后续到底落实如何。城管回来远远叫喊，老板娘又装装样子。

城管：3人，两男一女。女城管指出问题，两个男城管辅助管理，表面上很凶，后面也没管落实得怎么样。

药店员工：很听话，把气球都戳破。

水果店老板：在城管面前，装装样子，城管走了，就不管。

找寻路径

执信南社

视线聚焦 ——新南路（生活型街道）：
全面都市化趋势下仍然保持草根阶层的街道文化。

岗二马路社区

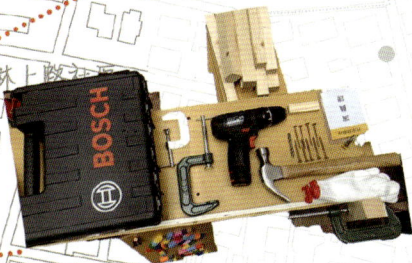

01 众信一电器维修中心

02 农材维护站（环卫车）

03 裁缝铺

04 花姿招剪（明都）美发中心

05 信捷家电制冷维修中心

06 街头理发铺

07 街头修鞋铺

08 修鞋箱包店

09 修鞋匠

10 修鞋店

11 众缘美发工作室

12 依缘坊改衣

13 海潮美发店

14 强达钟表维修点

15 蓝红美发

新南路功能：

居住、市场、零售商业、学校、公园。

3 设计策划

活动背景

经过调研发现，竹丝岗社区街道的生活性比较强，每天街道就像剧场一般，以街道为舞台背景，居民充当着剧中的演员，居民日常的生活行为就是剧本，每天都上演着一出出戏。

通过深入调查其中的新南路，我们发现沿路经营的粮油店、水果店、杂货店每日的劳作其实也像一场艺术剧一样。他们每天的劳动、肢体动作，犹如身体芭蕾。店主经营商店，为的只是一日三餐，十分单纯，为我们很好地诠释了什么是生活的美，什么是生存的艺术。

但是，同时他们却没有发现自己其实就是剧场的演员，没有意识到自身的美；周边的人们也是很少能发现这些默默经营商铺的劳动人民的美丽。

舞台 **+** **演员** **+** **剧本** **=** **剧场**

在新南路策划竹丝岗剧场，以"手工匠人"为主题，我们邀请社区手工修理或手工制作的商铺店主们来到我们的剧场，表现自身的工艺，改变自身对于剧场、对于艺术的理解，让他们发现自身的价值与美，同时也让周边居民得以了解他们，体会他们的民间艺术，发现隐藏在他们身边的"手工匠人"，见识他们的手艺，发现他们的美。

活动目的

（1）打造街道剧场。我们把整条新南路打造成一个剧场，表达出新南路是一个剧场的感觉，试图传达出新南路就是艺术剧场的观念给店主以及周边路过的居民。改变他们对于剧场的观念，剧场不是只有在高等剧院供观众观看的。他们的生活本身就是一出出剧目，是艺术，是美。

（2）改变店主的观念。我们想改变商铺店主对于美的认识，对艺术的认识，让他们认识到他们本身就是艺术，意识到自身的经营艺术，发现自身的价值。

（3）改变社区居民的观念。我们想改变居民对于美的认识，对艺术的认识，发现周边潜在的艺术，发现商铺店主的美与艺术。

（4）宣传周边的手工匠人。手工匠人通过把自己平时出摊的位置在舞台的地图上标识出来，让人们能通过这一次表演知道他们平时在哪里，从而吸引更多的顾客。同时我们会制作商铺的宣传牌（演员牌），以便来这边购物的顾客了解各个商铺的故事。

（5）整理。我们通过剧场的介入，首先把新南路路口杂乱的、无人使用的公共空间整理干净。

（6）促进人与人之间交流。我们调查新南路时发现，周边居民缺少公共空间交流活动，人们常常行色匆匆，没有时间、空间与周边人交流。由此我们举办这一场场的活动也可以给居民提供一个交往的空间。

活动流程

（1）搜集各个商铺的基本信息与日常经营流程，理解商铺店主的身体芭蕾（包括拍照、店名、店主名、店主与商铺的故事）。

（2）制作属于每个商铺的宣传牌（演员牌）。

（3）店主在自己的商铺上贴上宣传牌（演员牌）。

计划实践

确定剧场区域

路口原貌：物品随意堆放

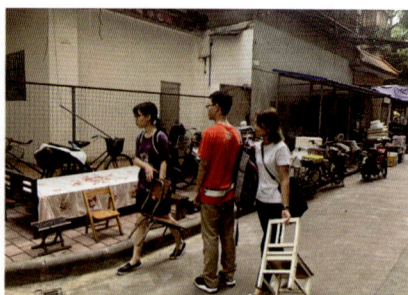

场地第一次实验：摆床

方案：移动剧场（可移动、可变动的剧场布景板）。

设计理念：移动的生活剧场。

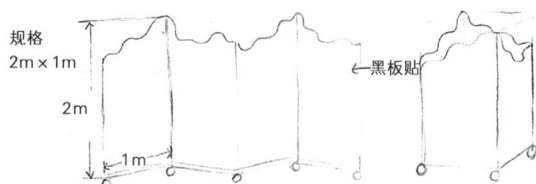

规格
2m×1m

2m

1m

←黑板贴

材料：①木材
　　　②纸箱
　　　③塑料箱

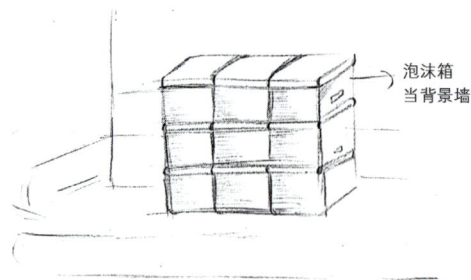

泡沫箱
当背景墙

方案二

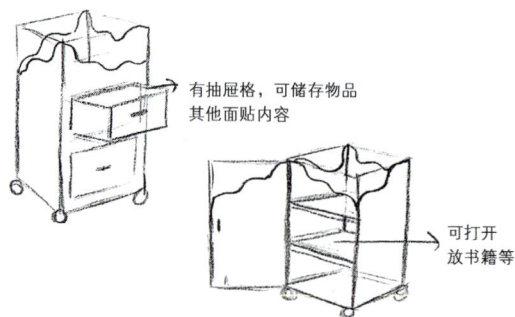

有抽屉格，可储存物品
其他面贴内容

可打开
放书籍等

方案一

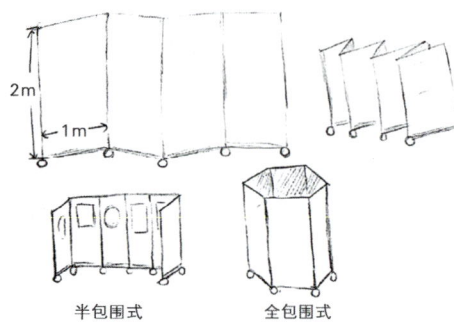

2m

1m

半包围式　　　全包围式

方案三

新南路十字路口：手工市集剧场

最终方案：手工市集剧场。

与周围居民、居委会等沟通，整理原有场地，邀请竹丝岗社区的手工匠人等，并进行场地设计，安排表演时间表。

场地设计：从"不浪费"开始！

（1）钢丝网提供剧场背景。

挂上居民的废弃物品，如牙刷、拖鞋、杯子等。

（2）动手搭建城市民、家具。

废弃的自行车作为桌腿；

废弃的衣柜作为桌板；

C 字夹作为连接件，易组装与拆卸。

剧场表演时间表

	2018 年 8 月 30 日（星期四）	2018 年 8 月 31 日（星期五）
早上	修理场地（在场地上搭建城市家具）	（1）修理植物（与种植组合作） （2）修理城市（用乐高积木）
中午	修理头发（剪头发）	修理废弃皮革（与扉美术馆合作：扉卖品 Freitag 手工坊）
下午	（1）修理城市（用乐高或其他积木修补街道缝隙） （2）绿豆饼阿姨卖绿豆饼	（1）修理玩具（与秘密花园组合作） （2）修理城市
晚上	老人歌唱表演	老人歌唱表演

4 实验反思

介入后效果第一天（2018 年 8 月 30 日）

同学们开始布置舞台，准备表演，摆上竹丝岗剧场的牌子，架起从附近商店借来的伞。

绿豆饼阿姨来到舞台摆摊，第一场表演开始。

同学们在卖绿豆饼阿姨的摊位旁边，用废旧自行车与废弃木板以及自己制作的木棍架起修理摊位的桌子。这个过程也是表演的一部分，是作为废物利用修理的表演。

阿姨路过询问我们是否能修理家电。

银发世界组的同学都来买绿豆饼，很多人围着卖绿豆饼阿姨，同时帮阿姨吸引了好几个顾客。

对面粮油店的货车回来了，抢占了街道空间。舞台被挡住了一大半，沟通无果，我们调整剧场舞台空间。

开始派送广告牌。

对面水果店老板娘收到广告牌后，让小朋友送过来一袋橘子，请我们吃。绿豆饼阿姨感谢我们并请我们吃绿豆饼。

介入后效果第二天（2018 年 8 月 31 日）

舞台又被自行车占领了。

天晴了，修理摊位开始出摊。

同学们在舞台修理，用废木板、木条制作桌子，这也是表演的一部分。

天晴后人明显增多，围观的人变多。阿姨路过问我们可否帮她制作一个两层的木台阶。

在修理家具的摊位旁边搭建起乐高修理城市的摊位。

许多小朋友和家长都过来围观。

突然下雨，同学们搭起雨棚、雨伞，人流量剧减，修理城市活动无法如期举行。

周边的一对兄妹还是来了，也吸引了更多小孩来雨棚下玩乐高。

介入后效果（2018 年 9 月 1 日观察）

种植组来表演

种植组吸引了很多居民。一位阿姨对此十分感兴趣，在植物摊位前问花弄花，互动积极。

因为下雨，修理城市的摊位比较少人问津。

结论反思

他们！从观察者到参与者

我们！逐渐融入街道过程

（1）雨天在一定程度上影响了剧场总体效果。

（2）对于舞台，部分居民表示理解，但是还是会来参加活动。

（3）对于贴牌，商铺店主一开始表示不理解，感觉没人会看，改变不了什么，后来牌子打印出来后，店主们都十分开心，也配合贴在店外比较显眼的地方，其中一家水果店老板娘还请我们吃水果，只有一家商铺第二天又放进去。

（4）请来的"演员"绿豆饼阿姨十分感谢我们，还请我们吃绿豆饼。

（5）对于街道的占领，居民还是就自己方便堆放自行车，舞台的黄线没有太大的约束。

每个人都是自己生活剧场的主角。我们在生活上形成的身体芭蕾被空间所影响，而同时也影响着空间，呈现出一种相互拉扯的无形力量。

重新思考什么是艺术。居民以前认为他们每天的活动都是很平凡的。我们期待通过这次介入活动改变他们传统的观念，使街道上日常的市井生活也成为艺术的一部分。

设计如何进入我们的日常生活，让生活变得更有趣？

通过这次的手工市集剧场"街道芭蕾"，我们期待不仅是整理出一个之前被闲置的公共空间，让人们在这里互相交换经验、闲话家常，而且"作品"本身无论是卖绿豆饼、修鞋子、理发，还是重新修理废弃家具等，其设计的场景与现实生活开始建立互动关系。

小组感悟

这是可爱的大家，梦想在这里开始……

唐雅雯
用心做一名社区的"观察者"。看着一系列艺术营造行动在竹丝岗社区持续进行发酵，慢慢产生"改变"社区的能量~

李颖玥
城市是所有人的舞台。

张诗敏
建筑需要共情能力，社区需要共感经营。

蔡钿桦
设计，源于对生活的热爱和感知。

李泓妍
倾听在地社群的声音，破解城市规划中自上而下塑造的空间权利。

8.5 种植组

植物杂货铺

一个"售卖"植物五感体验和心理疗愈的杂货铺
一个让城市居民解压放松的感官花园

种植组

李佳岭	李欣雨	刘聪逸	罗 婷	吉儒刚
华南理工大学风景园林	暨南大学建筑学	华中科技大学风景园林	暨南大学建筑学	暨南大学建筑学
研究生 2017 级	2017 级	研究生 2018 级	2015 级	2015 级

吴 娱	杨春峰	俞 圳	曾伊琳	曾昭真
浙江大学风景园林	暨南大学建筑学	暨南大学建筑学	暨南大学建筑学	暨南大学建筑学
2015 级	2015 级	2015 级	2015 级	2015 级

什么是植物杂货铺？

将大自然的五感体验带回城市空间，疗愈城市人的身心：看植物之色；听植物之声；闻植物之气；食植物之味；触植物之感。

简介

"售卖"产品

一个"售卖"植物五感体验和心理疗愈的杂货铺，一个让城市居民解压放松的感官花园。

"售卖"形式

我们希望将植物五感体验的内容融入一个游走的装置中，居民能在装置中产生与植物的感官互动。这个装置能够灵活地适应社区的各类空间，可以通过抽拉折叠、组装等方式变化。

产品"功效"

现代城市中生活的人们，因为生活与工作的压力，感官多已变得迟钝。只有内心平静纯洁之人才能感受到来自自然与植物的灵气，与自然之物交流，与自我心灵对话。我们希望将自然之感还给城市，为城市人提供植物的感官体验，丰富其内心，疗愈其精神。最终，提供一个解决城市生活问题、环境问题、心理问题的窗口和可能性，让城市人更多地参与到关于植物的交流与互动中，形成更加健康、积极、自然的生活环境与氛围。

产品"目标"

强调植物的意义与作用，使居民更好地认识植物对人身心的疗愈益处，体验植物对于感官和内心感受的刺激，让更多人参与到植物种植活动中来；让居民开始把私人的种植贡献到公共空间中来，交换来一片"森林"；让私有的植物聚集起来，从而改变社区的环境，形成社区居民的公共责任意识，创造更加有归属感和幸福感的社区生活，让社区环境变得更加美好。

为什么关注植物？

私人花盆

在竹丝岗社区中，我们随处可见各种形式的种植现象。在调研中我们发现，居民一方面将自己私人种植的盆栽用来占领公共空间；而另一方面，却对公共空间的植物漠视、回避甚至破坏，从而导致整个社区的户外公共环境质量不佳。在此背景下，我们开始思考社区种植在公私空间中的关系，并设定以下目标：

（1）让居民自行挑选公共种植空间，满足居民种植需求，美化公共环境。

（2）将种植行为从私人变为公共，促进人与人之间的交流及社区归属感的营造。

公共花坛

为什么做植物杂货铺？

杂货铺原型——燕和食杂店

燕和食杂店是植物杂货铺的原型，我们在调研中得知：燕和食杂店在社区中已有10多年的历史，居民们每天在此购买日用品，与杂货店老板建立了良好的邻里关系，杂货店也成为居民们歇息聊天的场所，社区的各种消息在这里交换传播，小小杂货店像一种寄托、一个归属。

因此，我们开始思考：为什么植物不能成为我们的日常所需？为什么不可以创造一个居民交流植物与种植心得的杂货铺空间？

我们设想，居民们能在植物杂货铺中休憩对话，交流种植心得与经验，交换植物种子与苗株，这个杂货铺的老板是植物主或是居民。渐渐地，这个植物杂货铺便能成为社区空间的一部分，种植与社区绿化思想也被社区居民所接受，并有更多居民参与到社区环境美化之中，社区环境也在居民的主动参与下得到改善。

如何实现植物杂货铺？

杂货铺 1.0

植物杂货铺的 1.0 版本采用之前工作坊遗留下的木板床作为店铺的形式，小组成员利用打理花园得来的不同种类的植株作为交换媒介，用废弃塑料瓶作为交换的容器，吸引了大批居民前来参与植物交换、容器创作、种植信息分享等。

在杂货铺 1.0 版本的试验中，我们迎来了带给我们重要启发的小天使 —— 一个居住在竹丝岗社区内的小居民。她对植物有着不同于常人的感知程度，在她的世界里，植物有着自己的情绪，人可以与植物交谈，每一株植物都是独一无二的。这让我们想到，如果能把这种对植物的感知放大给社区的所有居民前来体验，也许能够唤起他们对公共绿化的关注。于是我们有了做植物杂货铺 2.0 的概念。

浇水是建立和植物之间友谊的第一步，也是最重要的一步。

生命息息相连，植物都有其特殊的气息。

风吹树叶的沙沙声，总能带我畅游天马行空的世界。

给我浇水的时候，我会快乐而兴奋。

告诉你们一个秘密，给我听古典音乐会让我苗壮成长。

我是独一无二的自己，拿我与其他植物相比的时候，我可会不高兴哦。

竹丝岗社区

农林上路

竹丝岗植物爱好者分布图

　　在进行植物杂货铺 1.0 时，我们访问了一些对植物感兴趣的居民，并把他们住所的大致位置记录在了地图上。由这张"竹丝岗植物爱好者分布图"我们发现了这些人几乎遍布整个社区，但某些位置（如龙珠大厦、菜市场、亿达大厦办公楼等）集中分布了多个受访居民。因此我们得出了植物杂货铺 2.0 的另一个特点——移动性。可移动的杂货铺能够在小区内充分地流动，引起更多人关注的同时让更多的人参与到活动中来，享受植物带来的乐趣。由于分布的集中性，我们也决定在某些点进行定点摆摊。

整理植物杂货铺

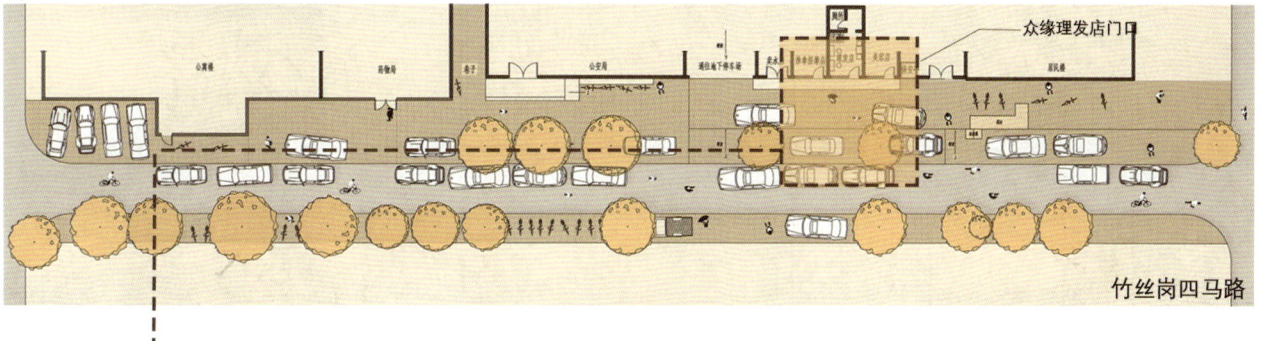

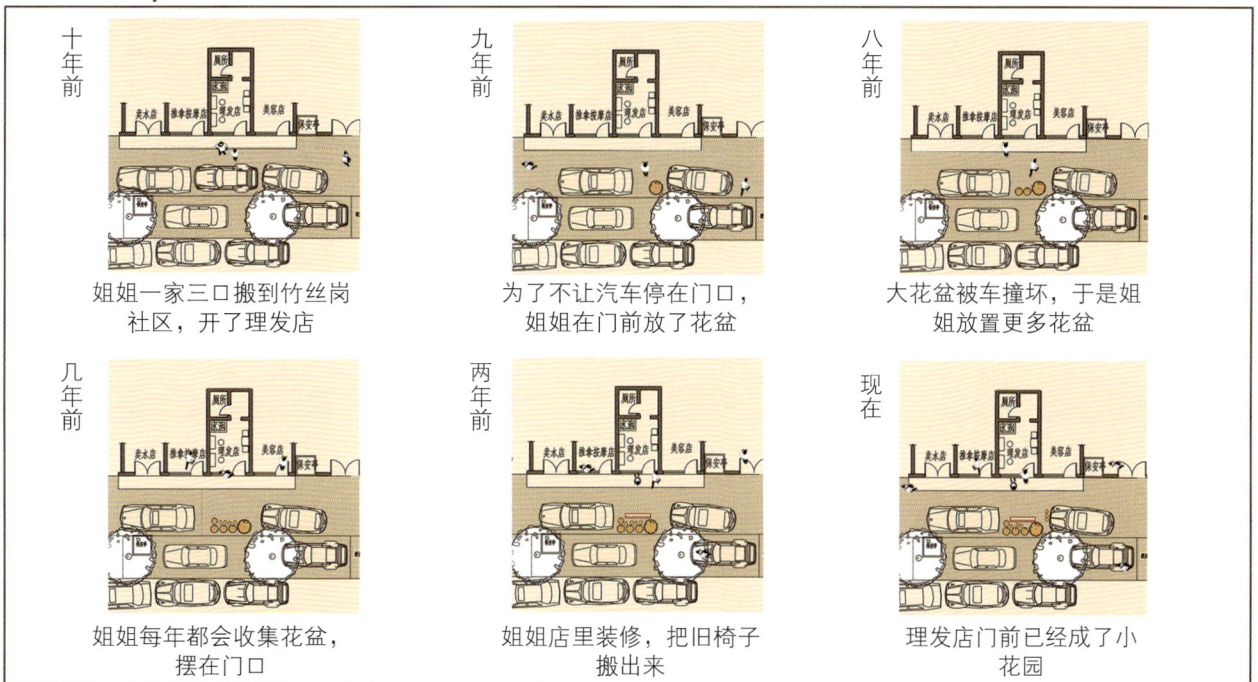

众缘理发店门口

竹丝岗四马路

十年前	九年前	八年前
姐姐一家三口搬到竹丝岗社区，开了理发店	为了不让汽车停在门口，姐姐在门前放了花盆	大花盆被车撞坏，于是姐姐放置更多花盆
几年前	两年前	现在
姐姐每年都会收集花盆，摆在门口	姐姐店里装修，把旧椅子搬出来	理发店门前已经成了小花园

整理日记

理发店门前杂乱的小花园

我们查看了小花园的植物情况

与理发店姐姐交流种植经验

椅子拆卸完成

我们准备拆卸椅垫，保留椅子的框架

初步整理小花园得到很多植物

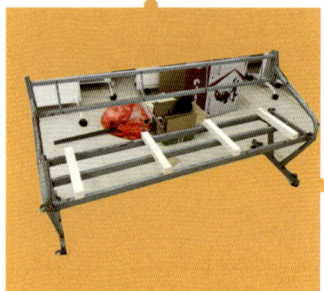

给椅子换上木垫板，
两边焊上插竹竿的铁环

喷上白漆，椅子改造完成

准备整理花园盆栽

小花园整理完成

将多余植物移走

理发店姐姐和我们一起修剪植物

以上是我们"整理植物杂货铺"活动的过程。我们在整理过程中渐渐地与理发店的姐姐熟悉起来，我们不仅了解了理发店门前花园"抢街"的故事，也让姐姐慢慢地参与到我们的花园整理活动中来。我们通过整理花园获得了在接下来的植物杂货铺活动中需要的物品，使得后期的活动能够继续推进。

植物杂货铺如何设计与使用？

植物杂货铺以燕和食杂店为原型，通过加入宣传，放大植物感官体验等功能，意在打造一个可移动、可体验和可交流的社区载体。

杂货铺原型

盆栽植物元素

与社区居民交换得到的推车

打磨加工

搭建植物杂货铺框架

植物杂货铺木框架落地

感官花园的构想

合体

最终成果

主体建构完成

2.0 版植物杂货铺

"可移动杂货铺"移动—体验—交流

植物杂货铺 2.0 版在竹丝岗社区中穿梭，我们把它推到不同的地点，观察居民的使用情况，从而获得我们需要的信息。居民对植物杂货铺从好奇到主动走近体验，最后逐渐熟悉起来。

我们将不同地点的观察情况记录在表格上。发现在不同的地点，不同的人群对植物杂货铺有不同的反应。

	地点 1	地点 2	地点 3	地点 4
地点	凉亭	菜市场	亿达链家	龙珠大厦
时间	13:00—18:00	10:00—11:30	12:00—16:00	16:00—18:30
天气	雷雨	小雨	室内	阴天
基本情况	麻友、牌友、棋友聚集地	人流走动频繁、撑伞	周末少数加班员工和主管、经理	人流量大
场地特征	地势高，可避雨	有大伞，所处人行道窄	室内办公场所，靠近门厅、厕所	活动面宽，位于道路交会处
人群	老奶奶、大中学生、小学老师	菲菲小朋友、活跃阿姨、老奶奶母子等	主管、经理、加班员工	家长与孩子、各年龄层植物爱好者等
行为	拍照、回头看	体验、拍照、交谈	交谈、体验	互动、体验、交谈、拍照
信息	种植需要场地与空闲时间	公共绿地多被硬地取代	办公场所有一定植物需求，植物租赁	植物管理，居民利益，种植经验技术分享

居民反馈

五感体验反馈

◎ "视觉" ——直观地吸引人停留和拍照。

◎ "嗅觉" 和 "触觉" 引起更亲近的行为。

◎ "味觉" 激起了居民对植物食用经验的交流。

◎ "听觉" 使人与植物产生更深层次的交流。

设计反馈

◎ 居民对植物杂货铺的设计感到新奇，会停下来拍照。

◎ 但杂植物货铺的标识不够明显，居民对此不明所以。

◎ 重在体验而非售卖的植物杂货铺不容易被居民所理解。

社区种植空间反馈

◎ 社区硬地过多，并且缺乏管理。

◎ 不同住户的意见不同，如低层住户会因蚊虫问题而不提倡社区种植过多植物。

◎ 公共空间的私人化种植鲜有人尝试。

◎ 社区老旧，改造困难。

总结

（1）居民对社区中植物的价值认知比较低。

（2）由于我们的介入时间有限，在短时间内很难令居民对种植的认知达到预期的效果，还需要后续工作的安排达到潜移默化的改变。

（3）对于整个社区来说，我们的力量还是微弱的，要想真正实施这个植物计划，需要向当地的居委会、政府、学校等单位寻求合作，提倡积极的居民一起带动种植活动，才能达到我们的种植目标。

小组感悟

李佳岭

这次工作坊给了我一个全新的视角去看待设计和社区的关系。我不再以设计师的视角判断使用者和社会需要什么，而是先将自己融入使用群体，倾听他们真正的声音。真正为他们的需求而设计。

李欣雨

建筑空间内的生活都比空间和建筑本身更根本，更有意义。

刘聪逸

通过设计去对话。

罗 婷

很幸运与大家相遇，一起营造，一起感受，一起成长。

吉儒刚

街巷是人民的街巷，不属于任何设计师的作品。

吴 娱

自歌自舞自开怀，且喜无拘无碍。

杨春峰

贴近自然。

俞 圳

社区安放着城市的集体记忆，散步其中是人与生活的对话，用双脚行走，你可以直接在这城市所有的污垢以及荣耀之中，接触到城市生活的气味、景象、人行道上轻敲的脚步声、在不同地点与位置与你擦肩而过的人、街灯，以及对话的片段。

曾伊琳

行动是治愈恐惧的良药，犹豫和拖延将不断滋养恐惧。

曾昭真

很幸运能参与老师开展的植物杂货铺工作坊。在这个活动中，我不仅认识到了新的学习伙伴，也对自己的专业有了新的认识。植物杂货铺工作坊让我们找到了一种接地气的以设计服务群众的方式。我们走进社区、走进群众，了解其真正的需求，为他们带去更加实用的设计。

致　谢

2015 年的夏天，我偶遇了何志森博士"以小见大"的工作坊，看见不一样的创新设计思维，于是暨南大学有了"建筑学工作坊"系列创新的教学改革实践活动。

我们通过这几年的开放式的教学实践，邀请很多朋友到这个探索创新设计思维的工作坊中，感谢华南理工大学的海外名师何志森副研究员和台湾淡江大学的黄瑞茂副教授对我们工作坊长达 4 年的指导；感谢中国工程院刘人怀院士，暨南大学张宏副校长，东莞理工学院马宏伟校长，暨南大学力学与建筑工程学院王璠教授、黄睿书记、袁鸿教授等领导的支持；感谢北京大学李迪华副教授，清华大学许懋彦教授，同济大学刘悦来教授，华南理工大学的苏平教授、萧蕾副教授等对工作坊的指导；感谢惠州学院林超慧老师对第 6、7 章提出宝贵的修改意见，广东工业大学黄健文老师对第 8 章提出宝贵的修改意见；感谢张悦、刘帅奇、谭涵丹、尹巧琪、王珏等同学对本书排版工作的支持，特别感谢张诗敏同学对本书最终排版工作的支持；感谢所有参与工作坊的师生。

同时感谢暨南大学力学与建筑工程学院、暨南大学力学与建筑工程学院"重大工程灾害与控制"教育部重点实验室、暨南大学国际交流合作处、广州扉美术馆对本工作坊的支持。

参考文献

［1］约翰·D. 布兰思福特，等. 人是如何学习的：扩展版［M］. 程可拉，孙亚玲，王旭卿，译. 上海：华东师范大学出版社，2013.

［2］郭朝晖. 工作坊教学：溯源、特征分析与应用［J］. 教育导刊，2015（5）.

［3］刘水. 培养创新精神是建筑教育的首要责任：英国伦敦大学巴特雷特建筑学院马库斯·克鲁斯院长专访［J］. 建筑与文化，2011（5）.

［4］大泽幸生，西原洋子. 斯坦福设计思维课2：用游戏激活和培训创新者［M］. 税琳琳，崔超，译. 北京：人民邮电出版社，2019.

［5］扬·盖尔，比吉特·斯娃若. 公共生活研究方法［M］. 赵春丽，蒙小英，译. 北京：中国建筑工业出版社，2016.

［6］杨·盖尔，孙璐. 人性化的城市：哥本哈根的经验与启示：杨·盖尔访谈［J］. 北京规划建设，2018（3）.

［7］何志森. 见微知著［J］. 新建筑，2015（4）.

［8］乔纳·伯杰. 传染：塑造消费、心智、决策的隐秘力量［M］. 李长龙，译. 北京：电子工业出版社，2017.

［9］郝秀林. 基于环境行为学的交互式产品设计研究［J］. 工业设计，2017（10）.

［10］李世国，费钎. 和谐视野中的产品交互设计［J］. 包装工程，2009（1）.

［11］赵震，吴晨，刘超. 交互设计的行为分析在产品设计中的应用研究［J］. 包装工程，2012，33（6）.

［12］孙晓帆，李世国. 交互式产品原型设计研究［J］. 包装工程，2009（3）.

［13］张艳玲，罗婷. 交互设计中的行为分析在社区公共设施的应用［J］. 包装工程，2021（4）.

［14］克里斯托弗·迈内尔，乌尔里希·温伯格，蒂姆·科罗恩. 设计思维改变世界［M］. 平嬿嫣，李悦，译. 北京：机械工业出版社，2017.

［15］萨尔曼·可汗. 翻转课堂的可汗学院：互联时代的教育革命［M］. 刘婧，译. 杭州：浙江人民出版社，2014.

［16］王可越，税琳琳，姜浩. 设计思维创新导引［M］. 北京：清华大学出版社，2017.

［17］朱永新. 走向学习中心：未来学校构想［M］. 北京：中国人民大学出版社，2020.

［18］朱永新. 未来学校：重新定义教育［M］. 北京：中信出版社，2019.

［19］拉塞尔·L·阿克夫，丹尼尔·格林伯格. 翻转式学习：21世纪学习的革命［M］. 杨彩霞，译. 北京：中国人民大学出版社，2015.